讓數學變容易

數學家的眼光

張景中 著

商務印書館

數學家的眼光

作　　者：張景中
責任編輯：張宇程
封面設計：涂　慧
出　　版：商務印書館（香港）有限公司
香港筲箕灣耀興道 3 號東滙廣場 8 樓
http://www.commercialpress.com.hk
發　　行：香港聯合書刊物流有限公司
香港新界大埔汀麗路 36 號中華商務印刷大廈 3 字樓
印　　刷：美雅印刷製本有限公司
九龍觀塘榮業街 6 號海濱工業大廈 4 樓 A 室
版　　次：2018 年 8 月第 1 版第 1 次印刷

ISBN 978 962 07 5776 1
Printed in Hong Kong

序

我想人的天性是懶的，就像物體有惰性。要是沒甚麼鞭策，沒甚麼督促，很多事情就做不成。我的第一本科普書《數學傳奇》，就是在中國少年兒童出版社的文贊陽先生督促下寫成的。那是1979年暑假，他到成都，到我家裏找我。他説你還沒有出過書，就寫一本數學科普書吧。這麼説了幾次，盛情難卻，我就試着寫了，自己一讀又不滿意，就撕掉重新寫。那時沒有計算機或打字機，是老老實實用筆在稿紙上寫的。幾個月下來，最後寫了6萬字。他給我刪掉了3萬，書就出來了。為甚麼要刪？文先生説，他看不懂的就刪，連自己都看不懂，怎麼忍心印出來給小朋友看呢？書出來之後，他高興地告訴我，很受歡迎，並動員我再寫一本。

後來，其他的書都是被逼出來的。湖南教育出版社出版的《數學與哲學》，是我大學裏高等代數老師丁石孫先生主編的套書中的一本。開策劃會時我沒出席，他們就留了「數學與哲學」這個題目給我。我不懂哲學，只好找幾本書老老實實地學了兩個月，加上自己的看法，湊出來交卷。書中對一些古老的話題如「飛矢不動」、「白馬非馬」、「先有雞還是先有蛋」、「偶然與必然」，冒昧地提出自己的看法，引起了讀者的興趣。此書後來被3家出版社出版。又被選用改編為數學教育方向的《數學哲學》教材。其中許多材料還被收錄於一些中學的校本教材之中。

《數學家的眼光》是被陳效師先生逼出來的。他説，您給文先生寫了書，他退休了，我接替他的工作，您也得給我寫。我經不住他一再勸説，就答應下來。一答應，就像是欠下一筆債似的，只好想到甚麼就寫點甚麼。5 年積累下來，寫成了 6 萬字的一本小冊子。

這是外因，另外也有內因。自己小時候接觸了科普書，感到幫助很大，印象很深。比如蘇聯伊林的《十萬個為甚麼》、《幾點鐘》、《不夜天》、《汽車怎樣會跑路》；中國顧均正的《科學趣味》和他翻譯的《烏拉·波拉故事集》，劉薰宇的《馬先生談算學》和《數學的園地》，王峻岑的《數學列車》。這些書不僅讀起來有趣，讀後還能夠帶來悠長的回味和反覆的思索。還有法布林的《蜘蛛的故事》和《化學奇談》，很有思想，有啟發，本來看上去很普通的事情，竟有那麼多意想不到的奧妙在裏面。看了這些書，就促使自己去學習更多的科學知識，也激發了創作的慾望。那時我就想，如果有人給我出版，我也要寫這樣好看的書。

法布林寫的書，以十大卷的《昆蟲記》為代表，不但是科普書，也可以看成是科學專著。這樣的書，小朋友看起來趣味盎然，專家看了也收穫頗豐。他的科學研究和科普創作是融為一體的，令人佩服。

寫數學科普，想學法布林太難了。也許根本不可能做到像《昆蟲記》那樣將科研和科普融為一體。但在寫的過程中，總還是禁不住想把自己想出來的東西放到書裏，把科研和科普結合起來。

從一開始，寫《數學傳奇》時，我就努力嘗試讓讀者分享自己體驗過的思考的樂趣。書裏提到的「五猴分桃」問題，在世界上流傳已久。20 世紀 80 年代，諾貝爾獎獲得者李政道訪問中國科學技術大學，和少年班的學生們座談時提到這個問題，少年大學生們一時都沒有做出來。李政道介紹了著名數學家懷德海的一個巧妙解答，用到了高階差分方程特解的概念。基於函數相似變換的思想，我設計了「先借後還」的情景，給出一個小學生能夠懂的簡單解法。這個小小的成功給了我很大的啟發：寫科普不僅僅是搬運和解讀知識，也要深深地思考。

在《數學家的眼光》一書中，提到了祖沖之的密率 $\frac{355}{113}$ 有甚麼好處的問題。數學大師華羅庚在《數論導引》一書中用丟番圖理論證明了，所有分母不超過 366 的分數中，$\frac{355}{113}$ 最接近圓周率 π。另一位數學家夏道行，在他的《e 和 π》一書中用連分數理論推出，分母不超過 8000 的分數中，$\frac{355}{113}$ 最接近圓周率 π。在學習了這些方法的基礎上我做了進一步探索，只用初中數學中的不等式知識，不多幾行的推導就能證明，分母不超過 16586 的分數中，$\frac{355}{113}$ 是最接近 π 的冠軍。而 $\frac{52163}{16604}$ 比 $\frac{355}{113}$ 在小數後第七位上略精確一點，但分母卻大了上百倍！

我的老師北京大學的程慶民教授在一篇書評中，特別稱讚了五猴分桃的新解法。著名數學家王元院士，則在書評中對我在密率問題的處理表示欣賞。學術前輩的鼓勵，是對自己的鞭策，也是自己能夠長期堅持科普創作的動力之一。

在科普創作時做過的數學題中，我認為最有趣的是生銹圓規作圖問題。這個問題是美國著名幾何學家佩多教授在國外刊物上提出來的，我們給圓滿地解決了。先在國內作為科普文章發表，後來寫成英文刊登在國外的學術期刊《幾何學報》上。這是數學科普與科研相融合的不多的例子之一。佩多教授就此事發表過一篇短文，盛讚中國幾何學者的工作，說這是他最愉快的數學經驗之一。

1974 年我在新疆當過中學數學教師。一些教學心得成為後來科普寫作的素材。文集中多處涉及面積方法解題，如《從數學教育到教育數學》、《新概念幾何》、《幾何的新方法和新體系》等，源於教學經驗的啟發。面積方法古今中外早已有了。我所做的，主要是提出兩個基本工具（共邊定理和共角定理），並發現了面積方法是具有普遍意義的幾何解題方法。1992 年應周咸青邀請訪美合作時，從共邊定理的一則應用中提煉出消點演算法，發展出幾何定理機器證明的新思路。接着和周咸青、高小山合作，系統地建立了幾何定理可讀證明自動生成的理論和演算法。楊路進一步把這個方法推廣到非歐幾何，並發現了一批非歐幾何新定理。國際著名計算機科學家保伊爾（Robert S. Boyer）將此譽為計算機處理幾何問題發展道路上的里程碑。這一工作獲 1995 年中國科學院自然科學一等獎和 1997 年國家自然科學二等獎。從教學到科普又到科學研究，20 年的發展變化實在出乎自己的意料！

在《數學家的眼光》中，用一個例子説明，用有誤差的計算可能獲得準確的結果。基於這一想法，最近幾年開闢了「零誤差計算」的新的研究方向，初步有了不錯的結果。例如，用這個思想建立的因式分解新演算法，對於兩個變元的情形，比現有方法效率有上千倍的提高。這個方向的研究還在發展之中。

1979-1985 年，我在中國科學技術大學先後為少年班和數學系講微積分。在教學中對極限概念和實數理論做了較深入的思考，提出了一種比較容易理解的極限定義方法——「非 ε 語言極限定義」，還發現了類似於數學歸納法的「連續歸納法」。這些想法，連同面積方法的部分例子，構成了 1989 年出版的《從數學教育到教育數學》的主要內容。這本書是在四川教育出版社余秉本女士督促下寫出來的。書中第一次提出了「教育數學」的概念，認為教育數學的任務是「為了數學教育的需要，對數學的成果進行再創造。」這一理念漸漸被更多的學者和老師們認同，導致 2004 年教育數學學會（全名是「中國高等教育學會教育數學專業委員會」）的誕生。此後每年舉行一次教育數學年會，交流為教育而改進數學的心得。這本書先後由 3 家出版社出版，從此面積方法在國內被編入多種奧數培訓讀物。師範院校的教材《初等幾何研究》（左銓如、季素月編著，上海科技教育出版社，1991 年）中詳細介紹了系統面積方法的基本原理。已故的著名數學家和數學教育家，西南師大陳重穆教授在主持編寫的《高效初中數學實驗教材》中，把面積方法的兩個基本工具「共邊定理」和「共角定理」作為重要定理，教學實驗效果很好。1993 年，四川都江教育學院劉宗貴老師根據此書中的想法編寫的教材《非 ε 語言一元微積分學》在貴州教育出版社出版。在教學實踐中效果明顯，後來還發表了論文。此後，重慶師範學院陳文立先生和廣州師範學院蕭治經先生所編寫的微積分教材，也都採用了此書中提出的「非 ε 語言極限定義」。

十多年之後，受林群先生研究工作的啟發帶動，我重啟了關於微積分教學改革的思考。文集中有關不用極限的微積分的內容，是 2005 年以來的心得。這方面的見解，得到著名數學教育家張奠宙先生的首肯，使我堅定了投入教學實踐的信心。我曾經在高中嘗試過用 5 個課時講不用極限的微積分初步。又在南方科技大學試講，用 16 個課時講不用極限的一元微積分，嚴謹論證了所有的基本定理。初步實驗的，效果尚可，系統的教學實踐尚待開展。

也是在 2005 年後，自己對教育數學的具體努力方向有了新的認識。長期以來，幾何教學是國際上數學教育關注的焦點之一，我也因此致力於研究更為簡便有力的幾何解題方法。後來看到大家都在刪減傳統的初等幾何內容，促使我作戰略調整的思考，把關注的重點從幾何轉向三角。2006 年發表了有關重建三角的兩篇文章，得到張奠宙先生熱情的鼓勵支持。這方面的想法，就是《一線串通的初等數學》一書的主要內容。書裏面提出，初中一年級就可以學習正弦，然後以三角帶動幾何，串聯代數，用知識的縱橫聯繫驅動學生的思考，促進其學習興趣與數學素質的提高。初一學三角的方案可行嗎？寧波教育學院崔雪芳教授先吃螃蟹，做了一節課的反覆試驗。她得出的結論是可行！但是，學習內容和國家教材不一致，統考能過關嗎？做這樣的教學實驗有一定風險，需要極大的勇氣，也要有行政方面的保護支持。2012年，在廣州市科協開展的「千師萬苗工程」支持下，經廣州海珠區教育局立項，海珠實驗中學組織了兩個班的初中全程的實驗。兩個實驗班有 105 名學生，入學分班平均成績為 62 分和 64 分，測試中有三分之二的學生不會作三角形的鈍角邊上的高，可見數學基礎屬於一般水平。實驗班由一位青年教師張東方負責備課講課。她把《一線串通的初等數學》的內容分成 5 章 92 課時，整合到人教版初中數學教材之中。整合的結果節省了 60 個課時，5 個學期內不僅講完了按課程標準 6 個學期應學的內容，還用書中的新方法從一年級下學期講正弦和正弦定理，以後陸續講了正弦和角公式，餘弦定理這些按常規屬於高中課程的內容。教師教得順利輕鬆，學生學得積極愉快。其間經歷了區裏的 3 次期末統考，張東方老師匯報的情況如下。

從成績看效果

期間經過三次全區期末統考。實驗班學生做題如果用了教材以外的知識，必須對所用的公式給出推導過程。在全區 80 個班級中，實驗班的成績突出，比區平均分高很多。滿分為 150 分，實驗一班有 4 位同學獲滿分，其中最差的個人成績 120 多分。

	實驗 1 班平均分	實驗 2 班平均分	區平均分	全區所有班級排名
七年級下期末	140	138	91	第一名和第八名
八年級上期末	136	133	87.76	第一名和第五名
八年級下期末	145	141	96.83	第一名和第三名

這樣的實驗效果是出乎我意料的。目前，廣州市教育研究院正在總結研究經驗，並組織更多的學校準備進行更大規模的教學實驗。

科普作品，以「普」為貴。科普作品中的內容若能進入基礎教育階段的教材，被社會認可為青少年普遍要學的知識，就普得不能再普了。當然，一旦成為教材，科普書也就失去了自己作為科普的意義，只是作為歷史記錄而存在。這是作者的希望，也是多年努力的目標。書中不當之處，歡迎讀者指正。

張景中

目錄

序 …… i

第一章 溫故知新
三角形的內角和 …… 002
了不起的密率 …… 006
會説話的圖形 …… 011
從雞兔同籠談起 …… 019
定位的奧妙 …… 024

第二章 正反輝映
相同與不同 …… 030
歸納與演繹 …… 032
精確與誤差 …… 037
變化與不變 …… 041

第三章 巧思妙解
橢圓上的蝴蝶 …… 046
無窮遠點在哪裏 …… 050
用圓規畫線段 …… 056
佩多的生銹圓規 …… 061
自學青年的貢獻 …… 066

第四章 青出於藍
圈子裏的螞蟻 …… 076
三角形裏一個點 …… 079

大與奇 ⋯⋯⋯⋯⋯⋯⋯⋯⋯⋯⋯⋯⋯⋯⋯⋯⋯⋯ 088

不動點 ⋯⋯⋯⋯⋯⋯⋯⋯⋯⋯⋯⋯⋯⋯⋯⋯⋯⋯ 093

第五章 偏題正做

洗衣服的數學 ⋯⋯⋯⋯⋯⋯⋯⋯⋯⋯⋯⋯⋯⋯⋯ 100

疊磚問題 ⋯⋯⋯⋯⋯⋯⋯⋯⋯⋯⋯⋯⋯⋯⋯⋯⋯ 105

假如地球是空殼 ⋯⋯⋯⋯⋯⋯⋯⋯⋯⋯⋯⋯⋯⋯ 110

地下高速列車 ⋯⋯⋯⋯⋯⋯⋯⋯⋯⋯⋯⋯⋯⋯⋯ 115

第六章 見微知著

珍珠與種子 ⋯⋯⋯⋯⋯⋯⋯⋯⋯⋯⋯⋯⋯⋯⋯⋯ 122

拋物線的切線 ⋯⋯⋯⋯⋯⋯⋯⋯⋯⋯⋯⋯⋯⋯⋯ 124

無窮小是量的鬼魂？ ⋯⋯⋯⋯⋯⋯⋯⋯⋯⋯⋯⋯ 128

極限概念：嚴謹但是難懂 ⋯⋯⋯⋯⋯⋯⋯⋯⋯⋯ 130

不用極限概念能定義導數嗎？ ⋯⋯⋯⋯⋯⋯⋯⋯ 132

導數新定義初試鋒芒 ⋯⋯⋯⋯⋯⋯⋯⋯⋯⋯⋯⋯ 136

輕鬆獲取泰勞公式 ⋯⋯⋯⋯⋯⋯⋯⋯⋯⋯⋯⋯⋯ 142

成功後的反思 ⋯⋯⋯⋯⋯⋯⋯⋯⋯⋯⋯⋯⋯⋯⋯ 145

拋物線弓形的面積 ⋯⋯⋯⋯⋯⋯⋯⋯⋯⋯⋯⋯⋯ 149

微積分基本定理 ⋯⋯⋯⋯⋯⋯⋯⋯⋯⋯⋯⋯⋯⋯ 152

不用極限定義定積分 ⋯⋯⋯⋯⋯⋯⋯⋯⋯⋯⋯⋯ 155

微積分基本定理的天然證明 ⋯⋯⋯⋯⋯⋯⋯⋯⋯ 158

第一章

溫故知新

三角形的內角和

美籍華人陳省身教授是當代舉世聞名的數學家，他十分關心祖國數學科學的發展。人們稱讚他是「中國青年數學學子的總教練」。

1980 年，陳教授在北京大學的一次講學中語驚四座：

「人們常說，三角形內角和等於 180°。但是，這是不對的！」

大家愕然。怎麼回事？三角形內角和是 180°，這不是數學常識嗎？

接着，這位老教授對大家的疑問作了精闢的解答：

說「三角形內角和為 180°」不對，不是說這個事實不對，而是說這種看問題的方法不對，應當說「三角形外角和是 360°」！

把眼光盯住內角，只能看到：

三角形內角和是 180°；

四邊形內角和是 360°；

五邊形內角和是 540°；

…………

n 邊形內角和是 $(n-2)\times 180°$。

這就找到了一個計算內角和的公式。公式裏出現了邊數 n。

如果看外角呢？

三角形的外角和是 360°；

四邊形的外角和是 360°；

五邊形的外角和是 360°；

…………

任意 n 邊形外角和都是 360°。

這就把多種情形用一個十分簡單的結論概括起來了。用一個與 n 無

關的常數代替了與 n 有關的公式，找到了更一般的規律。

設想一隻螞蟻在多邊形的邊界上繞圈子（圖 1-1）。每經過一個頂點，它前進的方向就要改變一次，改變的角度恰好是這個頂點處的外角。爬了一圈，回到原處，方向和出發時一致了，角度改變量之和當然恰好是 360°。

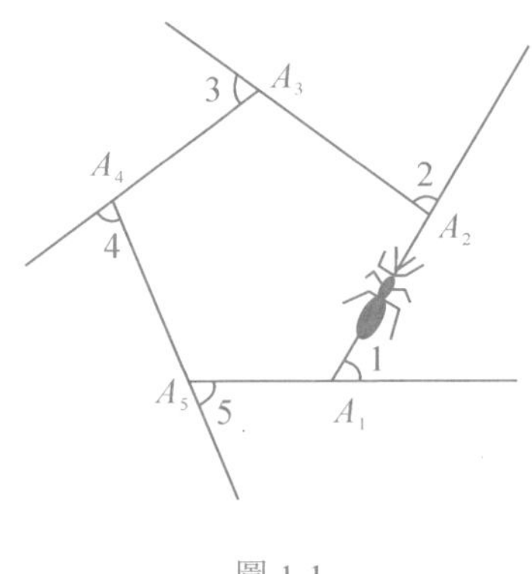

圖 1-1

這樣看問題，不但給「多邊形外角和等於 360°」這條普遍規律找到了直觀上的解釋，而且立刻把我們的眼光引向了更寬廣的天地。

一條凸的閉曲線——卵形線，談不上甚麼內角和與外角和。可是螞蟻在上面爬的時候，它的方向也在時時改變。它爬一圈，角度改變量之和仍是 360°（圖 1-2）。

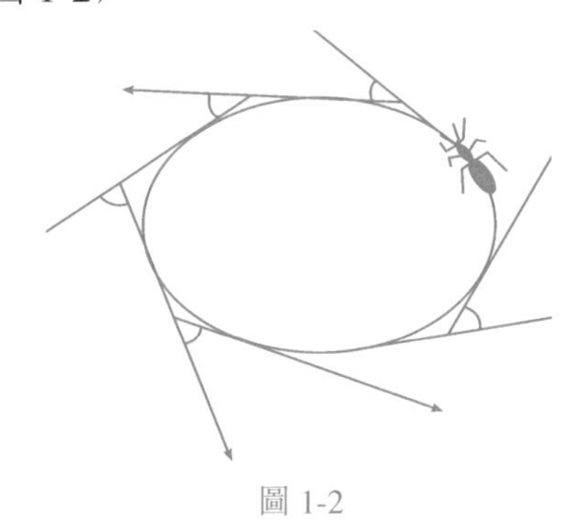

圖 1-2

「外角和為 360°」這條規律適用於封閉曲線！不過，敍述起來，要用「方向改變量總和」來代替「外角和」罷了。

對於凹多邊形，就要把「方向改變量總和」改為「方向改變量的代數和」(圖 1-3)。不妨約定：逆時針旋轉的角為正角，順時針旋轉的角為負角。當螞蟻在圖示的凹四邊形的邊界上爬行的時候，在 A_1、A_2、A_4 處，由方向的改變所成的角是正角：$\angle 1$、$\angle 2$、$\angle 4$；而在 A_3 處，由方向的改變所成的角是負角：$\angle 3$。如果你細細計算一下，這 4 個角正負相抵，代數和恰是 360°。

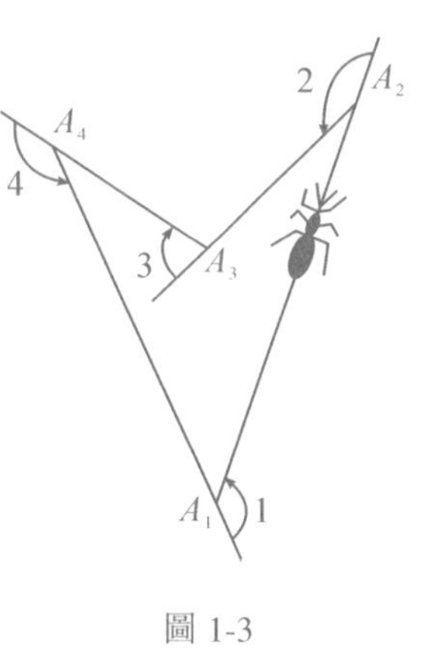

圖 1-3

上面説的都是平面上的情形，曲面上的情形又是怎樣呢？地球是圓的。如果你沿着赤道一直向前走，可以繞地球一圈回到原地。但在地面上測量你前進的方向，卻是任何時刻都沒有變化。也就是説：你繞赤道一周，方向改變量總和是 0°！

圈子小一點，你在房間裏走一圈，方向改變量看來仍是 360°。

不大不小的圈子又怎麼樣呢？如果讓螞蟻沿着地球儀上的北回歸線繞一圈，它自己感到的（也就是在地球儀表面上測量到的）方向的改變量應當是多少呢？

用一個圓錐面罩着北極，使圓錐面與地球儀表面相切的點的軌跡恰好是北回歸線（圖 1-4）。這樣，螞蟻在球面上的方向的改變量和在錐面上方向的改變量是一樣的。把錐面展開成扇形，便可以看出，螞蟻繞一圈，方向改變量的總和，正好等於這個扇形的圓心角（圖 1-5）：

$$\theta = \frac{180°}{\pi} \times \frac{2\pi r}{l} = \frac{180°}{\pi} \times \frac{2\pi l \sin 23.5°}{l}$$

$\approx 143.5°$（圓錐側面展開成扇形的圓心角 $\theta = \frac{2\pi r}{l}$）

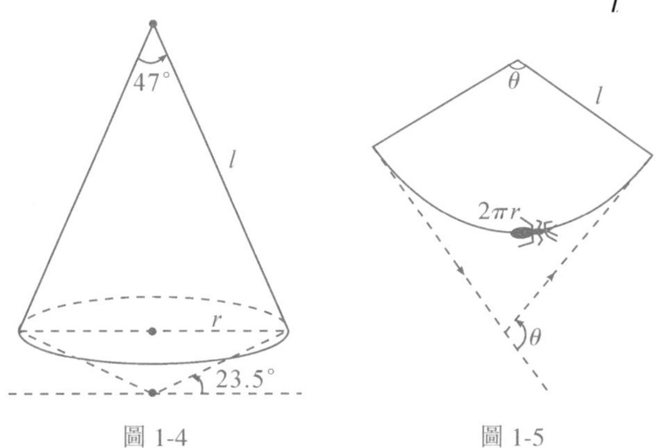

圖 1-4　　　　　圖 1-5

要弄清這裏面的奧妙，不妨看看螞蟻在金字塔上沿正方形爬一周的情形（圖 1-6）。它的方向在拐角處改變了多大角度？把金字塔表面攤平了一看便知：在 B 處改變量是 $180° - (\angle 1 + \angle 2)$；繞一圈，改變量是

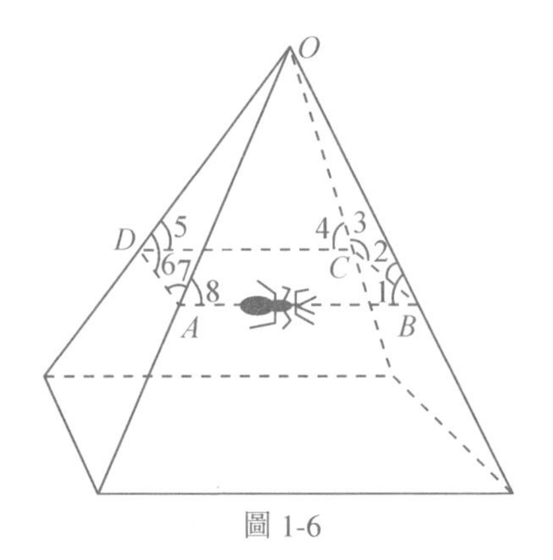

圖 1-6

$4 \times 180° - (\angle 1 + \angle 2 + \angle 3 + \angle 4 + \angle 5 + \angle 6 + \angle 7 + \angle 8)$

$= \angle AOB + \angle BOC + \angle COD + \angle DOA$

這個和，正是錐面展開後的「扇形角」（圖 1-7）！

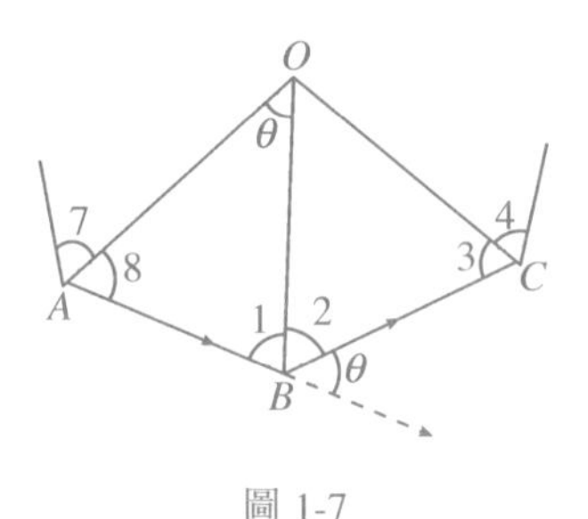

圖 1-7

早在二千多年前，歐幾里得時代，人們就已經知道三角形內角和 180°。到了 19 世紀，德國數學家、被稱為「數學之王」的高斯，在對大地測量的研究中，找到了球面上由大圓弧構成的三角形內角和的公式。又經過幾代數學家的努力，直到 1944 年，陳省身教授找到了一般曲面上封閉曲線方向改變量總和的公式（高斯—比內—陳公式），把幾何學引入了新的天地。由此發展出來的「陳氏類」理論，被譽為劃時代的貢獻，在理論物理學上有重要的應用。

從普通的、眾所周知的事實出發，步步深入、推廣，挖掘出廣泛適用的規律。從這裏顯示出數學家透徹、犀利的目光，也表現了數學家窮追不捨、孜孜以求的探索真理的精神。

了不起的密率

提起中國古代的數學成就，都會想起南北朝時期的祖沖之。提起祖沖之，大家最熟悉的是他在計算圓周率 π 方面的傑出貢獻，他推算出：

$$3.1415926 < \pi < 3.1415927$$

他是世界上第一個把 π 值準確計算到小數點後第七位的人。

祖沖之還提出 $\frac{355}{113}$ 用作為 π 的近似分數。人們早一些時候已經知道 π 的一個近似分數是 $\frac{22}{7}$，但誤差較大。祖沖之把 $\frac{22}{7}$ 叫「約率」，把 $\frac{355}{113}$ 叫「密率」。$\frac{355}{113}$ 傳到了日本，日本人把它叫「祖率」。

很多人都知道用 $\frac{355}{113}$ 表示 π 的近似值是一項了不起的貢獻。但是，它的妙處，卻有不少人說不出來，或者說不全。

首先，它相當精確：

$$\frac{355}{113} = 3.14159292035\cdots$$

而

$$\pi = 3.1415926535897\cdots$$

所以，誤差不超過 0.000000267。也就是說：

$$\left|\frac{355}{113} - \pi\right| < 0.000000267$$

也許你覺得，精確固然好，但精確並不是 $\frac{355}{113}$ 的唯一功勞。只要把 π 算得精確了，用個分數代表 π 還不容易嗎？比方說，祖沖之既然把 π 算到小數點後 7 位，那麼自然可以用分數

$$\frac{314159265}{100000000} = \frac{62831853}{20000000} = 3.14159265$$

來作為 π 的近似值，誤差不超過 0.000000005，豈不更精確？

但是，這個分數的分母比 113 大得多。分母大了，就不便寫、不便記。

在數學家看來，好的近似分數，既要精確，分母最好又不太大。這兩個要求是矛盾的。於是就要定下分子和分母怎麼比法。

我們不妨看看分母大小相同的時候，誰更精確一點。這有點像舉重比賽，按運動員的體重來分級：羽量級和羽量級比，重量級和重量級比。這樣一比，$\frac{355}{113}$ 的好處就顯出來了。

如果你再耐着性子算一算，就又會發現：在所有分母不超過 113 的分數當中，和 π 最接近的分數就是 $\frac{355}{113}$。所以，人們把它叫做 π 的一個「最佳近似分數」。

如果允許分母再大一些，允許分母是一個 3 位數，能不能找到比 $\frac{355}{113}$ 更接近 π 的分數呢？答案仍然是否定的：任何一個分母小於 1000 的分數，不會比 $\frac{355}{113}$ 更接近 π。

再放寬一點，分母是 4 位數呢？使人驚奇的是，在所有分母不超過 10000 的分數當中，仍找不到比 $\frac{355}{113}$ 更接近 π 的分數。

事實上，在所有分母不超過 16500 的分數當中，要問誰最接近 π，$\frac{355}{113}$ 是當之無愧的冠軍！祖沖之的密率之妙，該令人嘆服了吧！

也許你會問：有誰一個一個地試過？如果沒試過，這冠軍是如何產生的呢？

數學家看問題，有時候雖然也要一個一個地檢查，但更多的是從邏輯上推斷，一覽無遺地弄個明明白白。要說明分母不超過 16500 的分數不會比 $\frac{355}{113}$ 更接近 π，道理並不難：

已經知道 $\pi = 3.1415926535897\cdots$，而 $\frac{355}{113} = 3.14159292035\cdots$，所以

$$0 < \frac{355}{113} - \pi < 0.00000026677 \tag{1}$$

如果有一個分數 $\frac{q}{p}$ 比 $\frac{355}{113}$ 更接近 π，一定有

$$-0.00000026677 < \pi - \frac{q}{p} < 0.00000026677 \tag{2}$$

把（1）與（2）相加，得到

$$-0.00000026677 < \frac{355}{113} - \frac{q}{p} < 2 \times 0.00000026677 \tag{3}$$

由（3），可得

$$\left|\frac{355}{113} - \frac{q}{p}\right| = \frac{|355p - 113q|}{113p} < 2 \times 0.00000026677 \tag{4}$$

因為 $\frac{q}{p}$ 和 $\frac{355}{113}$ 不等，故 $|355p - 113q| > 0$，但又因 p、q 都是整數，故 $|355p - 113q| \geq 1$。於是

$$\frac{1}{113p} \leq \frac{|355p - 113q|}{113p} < 2 \times 0.00000026677 \tag{5}$$

把不等式中的 p 解出來，得

$$p > \frac{1}{113 \times 2 \times 0.00000026677} > 16586 \tag{6}$$

這表明，若 $\frac{q}{p}$ 比 $\frac{355}{113}$ 更接近 π，分母 p 一定要比 16586 還大。

具體地説，比 $\frac{355}{113}$ 更接近 π 的分數當中，分母最小的是

$$\frac{52163}{16604} = 3.141592387\cdots \tag{7}$$

它比 $\frac{355}{113}$ 略強一點，但分母卻大了上百倍。

祖沖之的眼光非常鋭利。他從這麼多分數當中找出了既精確又簡單的密率。

祖沖之用甚麼方法計算 π，又怎麼找出了 $\frac{355}{113}$，這已經無法查考了。現在，人們已經會用「連分數」展開法，根據 π 值把它的一系列最好的近似分數找出來。方法如下：

設

$$\pi = 3 + 0.141592653\cdots = 3 + a_1 \tag{8}$$

則

$$\begin{aligned}\frac{1}{a_1} &= \frac{1}{0.141592653\cdots} = 7.062513305\cdots \\ &= 7 + a_2\end{aligned} \tag{9}$$

把 (9) 代入 (8)，可得 $\pi = 3 + \frac{1}{7 + a_2}$，略去 a_2，得

$$\pi \approx 3 + \frac{1}{7} = \frac{22}{7} = 3.1428\cdots \tag{10}$$

再求出

$$\frac{1}{a_2} = 15.99659454\cdots = 15 + a_3 \tag{11}$$

又得到

$$\pi = 3 + \frac{1}{7 + a_2} = 3 + \cfrac{1}{7 + \cfrac{1}{15 + a_3}} \tag{12}$$

如果略去 a_3，得到

$$\pi = 3 + \cfrac{1}{7 + \cfrac{1}{15}} = 3 + \frac{15}{106} = \frac{333}{106} = 3.141509\cdots \tag{13}$$

再利用（11）求出 $\frac{1}{a_3} = 1.003417097\cdots = 1 + a_4$，代入（12）並略去 a_4，便得到了祖沖之的 $\frac{355}{113}$。如果想再算準一點，可以求出 $a_4 = 292 + a_5$，得到 π 的更精確的近似分數 $\frac{103993}{33102}$。

附帶提一句，$\frac{355}{113}$ 是很容易記住的。只要把 113355 一分為二，便是它的分母與分子了。

但是，祖沖之究竟用甚麼辦法把 π 算到小數點後第 7 位，又是怎樣找到既精確又方便的近似值 $\frac{355}{113}$ 的呢？這是至今仍困惑着數學家的一個謎。

會說話的圖形

在數學家眼裏，很多事物裏包含着數學。「大漠孤煙直，長河落日圓」，畫家也許據此創作一幅寥廓蒼涼的塞外黃昏景象，但數學家看來，說不定會想起一根垂直於平面的直線，一個切於直線的圓呢！

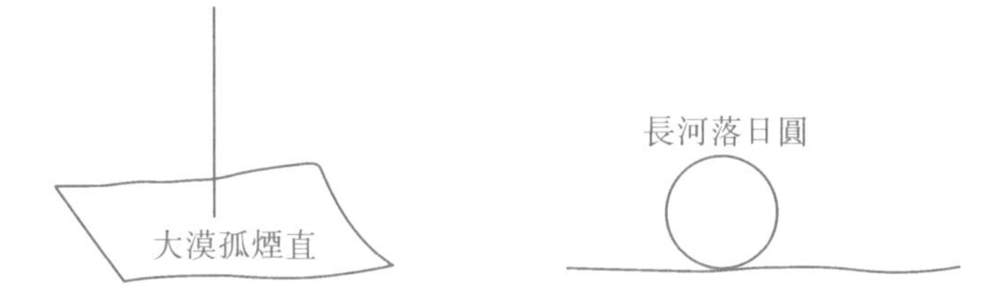

這麼說，是不是在數學家眼裏，事物都變得簡簡單單的、乾巴巴的，失去了豐富的內容了呢？

也不見得。有些在大家看來簡簡單單的圖形，在數學家眼裏，卻是豐富多彩的。它會告訴數學家不少信息，當然，用的是數學的語言。你如果學會用數學的眼光看它，便也能聽懂它的無聲的語言。

一個長方形被十字分成四個長方形。大長方形面積是 $(a+b)(c+d)$，四個小長方形的面積分別是 ac、bc、ad、bd，於是，它告訴我們（圖 1-8）：

$$(a+b)(c+d)=ac+bc+ad+bd$$

還是這麼個方塊圖，按圖 1-9 那麼一劃分，便成了

$$(x+y)^2=x^2+2xy+y^2$$

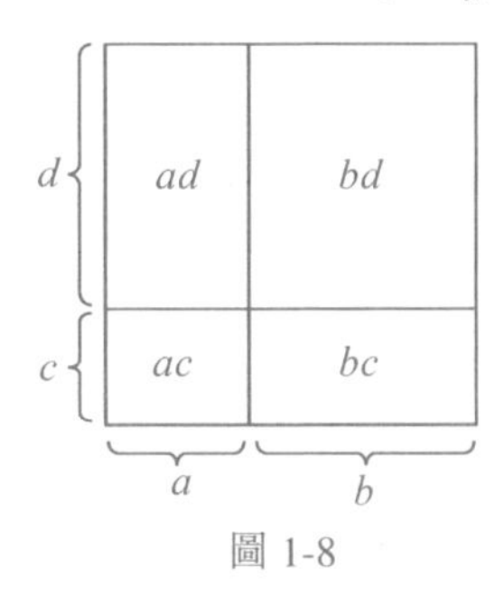

圖 1-8

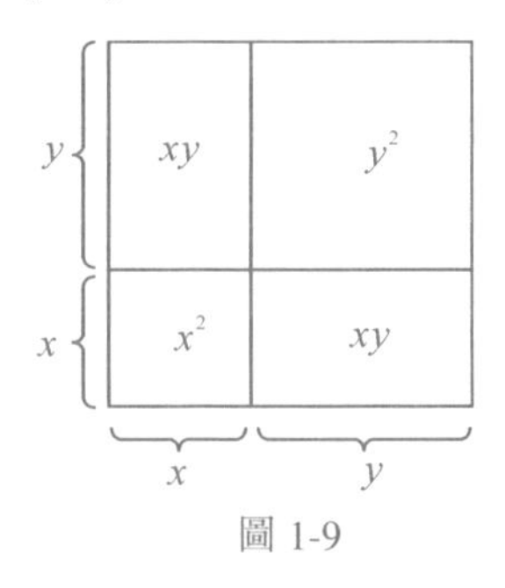

圖 1-9

如果按圖 1-10 那樣添一條斜線，並且給 x 和 y 以新的意義，則從大正方形去掉小正方形後，剩下兩個梯形。梯形面積各是 $\frac{1}{2}(x-y)(x+y)$，

於是，它告訴我們又一個公式：

$$x^2 - y^2 = (x - y)(x + y)$$

也許你覺得這都太簡單了。那麼，圖 1-11 告訴我們的信息就更多些：

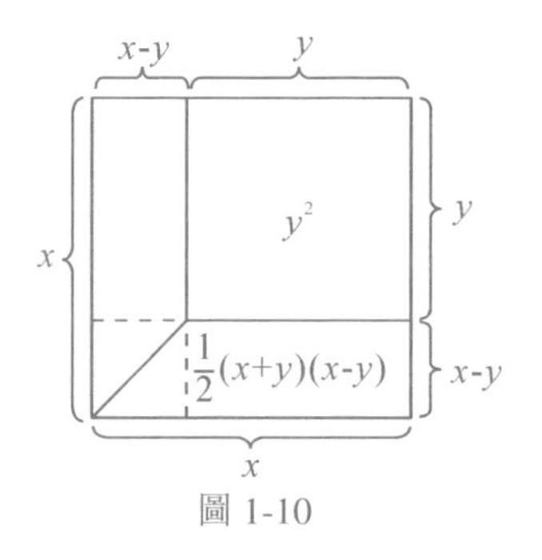

圖 1-10

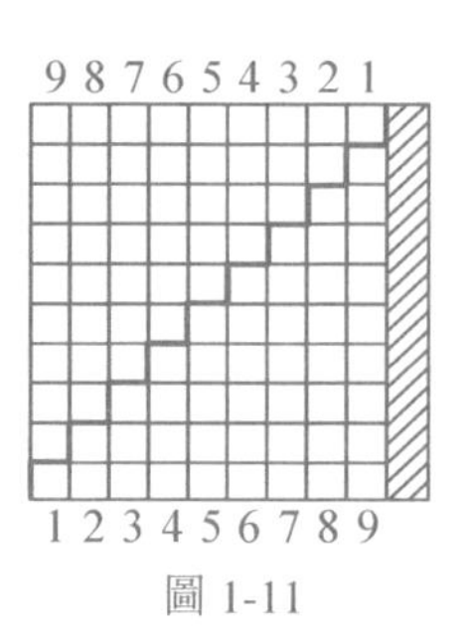

圖 1-11

$1 + 2 + 3 + 4 + 5 + 6 + 7 + 8 + 9 + 9 + 8 + 7 + 6 + 5 + 4 + 3 + 2 + 1$

$= 10 + 10 + 10 + 10 + 10 + 10 + 10 + 10 + 10$

$= 90$

圖 1-11 告訴我們的不是公式，而是一種方法。用這種方法，不但可以計算若干個連續自然數之和，還可以計算諸如下列形式的和：

$2 + 4 + 6 + 8 + \cdots + 100 = ?$

$7 + 10 + 13 + 16 + 19 + 22 + 25 + 28 + 31 + 34 = ?$

如果按圖 1-12 那樣劃分，更為有趣。它表明

$1 + 3 = 4 = 2^2$

$1 + 3 + 5 = 9 = 3^2$

$1 + 3 + 5 + 7 = 4^2$

$1 + 3 + 5 + 7 + 9 = 5^2$

$1 + 3 + 5 + 7 + 9 + 11 = 6^2$

…………

也就是說：從 1 開始，n 個連續奇數之和恰好是 n 的平方！

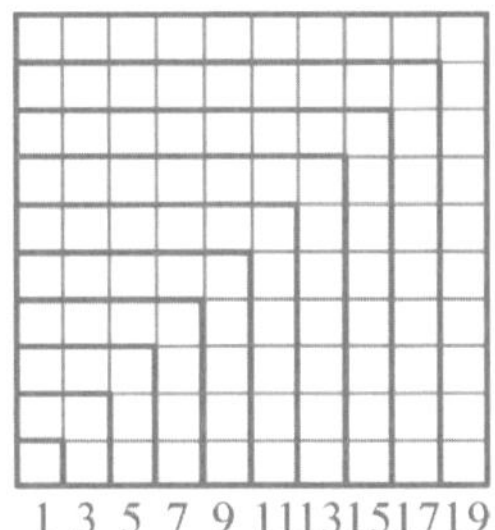

圖 1-12

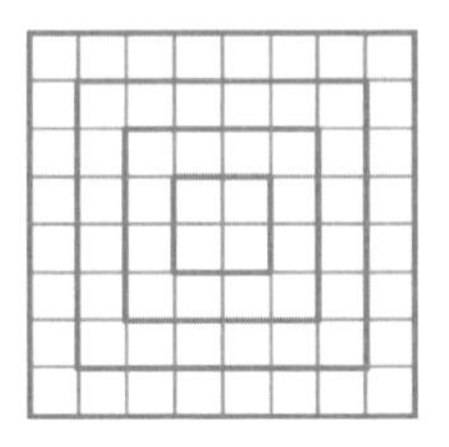

圖 1-13

當然，也可以由中央向四周發展，就成了（圖 1-13）：

$$4 + 12 = 16 = 4^2$$

$$4 + 12 + 20 = 36 = 6^2$$

$$4 + 12 + 20 + 28 = 64 = 8^2$$

…………

如果從一個小方格出發向四周算，則得到：

$$1 + 8 = 9 = 3^2$$

$$1 + 8 + 16 = 25 = 5^2$$

$$1 + 8 + 16 + 24 = 49 = 7^2$$

$$1 + 8 + 16 + 24 + 32 = 81 = 9^2$$

$$1 + 8 + 16 + 24 + 32 + 40 = 121 = 11^2$$

…………

又是一套規律！

畫方塊圖還能給我們提供不等式。如圖 1-14 那樣，就表明：

$$(x + y)^2 = 4xy + (x - y)^2$$

所以，

$$(x+y)^2 \geq 4xy$$

當 $x=y$ 時，兩端相等。

如果如圖 1-14 那樣連上幾條斜的虛線，虛線長度記作 z，看看虛線圍成的正方形，得到

$$z^2 = 4 \times \frac{xy}{2} + (x-y)^2 = x^2 + y^2$$

這不是勾股定理嗎？

圖 1-14 提供了中國古代證明勾股定理的方法之一。在歐洲，畢達哥拉斯發現勾股定理，據說也是從鋪方磚的地面上看出來的（圖 1-15）。

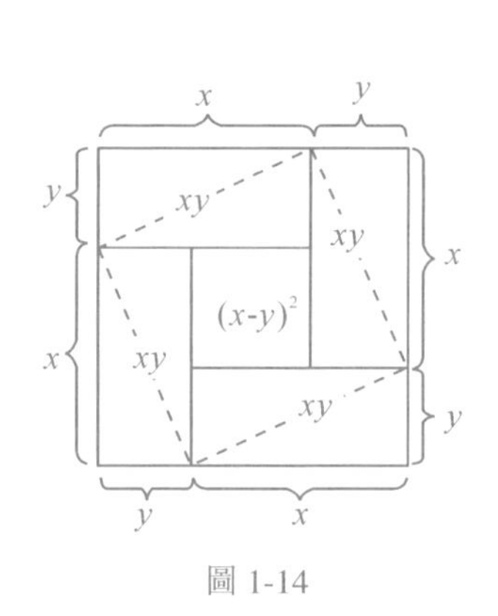

圖 1-14

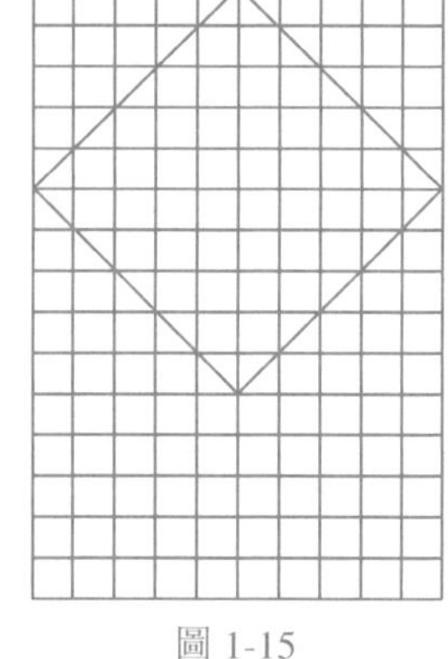
圖 1-15

簡單的圖形可以告訴我們相當複雜的等式。圖 1-16 畫出了兩個一樣的台階形，只是因為分割法不同，表達式也就不同了。左圖分成豎條，算一算總面積是

$$a_1b_1 + a_2b_2 + a_3b_3 + a_4b_4 + a_5b_5$$

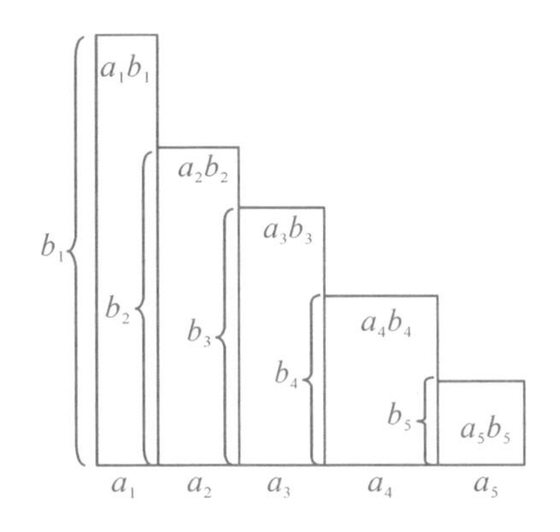

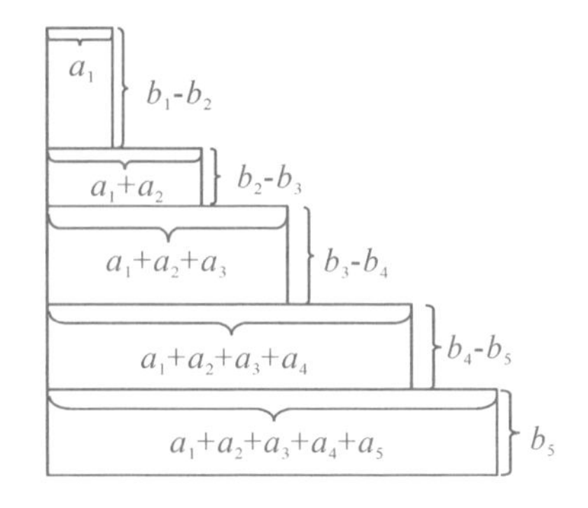

圖 1-16

右圖分成橫條，總面積是

$$a_1\,(b_1-b_2)+(a_1+a_2)\,(b_2-b_3)$$
$$+\,(a_1+a_2+a_3)\,(b_3-b_4)$$
$$+\,(a_1+a_2+a_3+a_4)\,(b_4-b_5)$$
$$+\,(a_1+a_2+a_3+a_4+a_5)\,b_5$$

這就有了一個恆等式：

$$a_1b_1+a_2b_2+a_3b_3+a_4b_4+a_5b_5$$
$$=a_1(b_1-b_2)+(a_1+a_2)(b_2-b_3)$$
$$+\,(a_1+a_2+a_3)(b_3-b_4)+(a_1+a_2+a_3+a_4)$$
$$\cdot\ (b_4-b_5)+(a_1+a_2+a_3+a_4+a_5)\,b_5$$

這叫做阿貝爾公式，在高等數學裏非常有用。當然，這裏的 5 層台階可以換成 6 層、7 層以至 n 層。

方塊圖形會説話，三角形呢？

三角形也會説話。不過也許更難懂一點，需要翻譯一下。

你看，圖 1-17 是個等腰三角形，頂角為 2α，兩腰為 a。它的面積應當是 $\frac{1}{2}a^2\sin 2\alpha$。可是，它的底為 $2a\sin\alpha$，高為 $a\cos\alpha$，所以面積又應當是 $\frac{1}{2} \times 2a\sin\alpha \times a\cos\alpha = a^2\sin\alpha\cos\alpha$。這就有了：

$$\frac{1}{2}a^2\sin 2\alpha = a^2\sin\alpha\cos\alpha$$

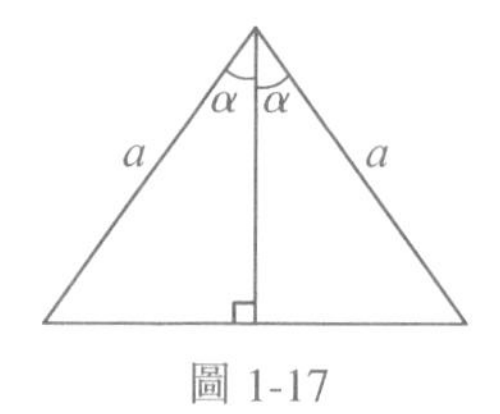

圖 1-17

從而得到 $\sin 2\alpha = 2\sin\alpha\cos\alpha$，這是三角公式裏非常有用的二倍角正弦公式！

如果把圖 1-17 變成更一般的三角形，像圖 1-18 那樣，它會告訴我們更一般的三角公式。因為

$$S_{\Delta ABC} = S_{\Delta \mathrm{I}} + S_{\Delta \mathrm{II}}$$

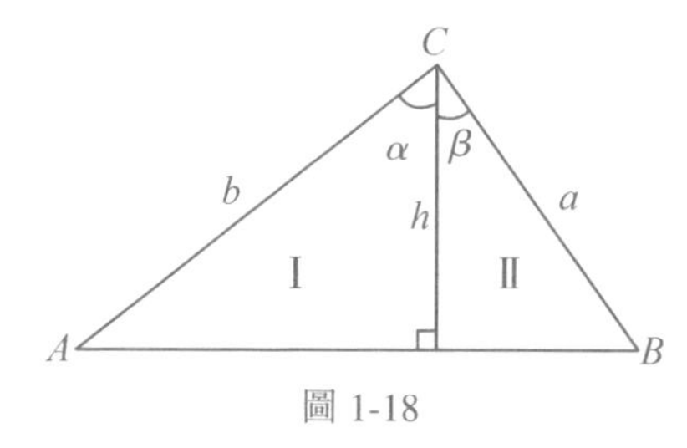

圖 1-18

所以

$$\frac{1}{2}ab\sin(\alpha+\beta) = \frac{1}{2}bh\sin\alpha + \frac{1}{2}ah\sin\beta$$

兩端都用 $\frac{1}{2}ab$ 除，再利用 $\cos\alpha = \frac{h}{b}$ ， $\cos\beta = \frac{h}{a}$ ，上式便成了：

$$\sin(\alpha+\beta) = \sin\alpha\cos\beta + \cos\alpha\sin\beta$$

這是頂有用的三角恆等式——正弦加法定理。

圖 1-19 從另一個角度研究了圖 1-17。因為

$$S_{\Delta ABE} = \frac{1}{2}\times 1\times l\times \sin\alpha = \frac{l}{2}\sin\alpha$$

$$S_{\Delta ACE} = \frac{1}{2}\times 1\times l\times \sin\beta = \frac{l}{2}\sin\beta$$

日

$$h = l\cos\frac{\alpha-\beta}{2}$$

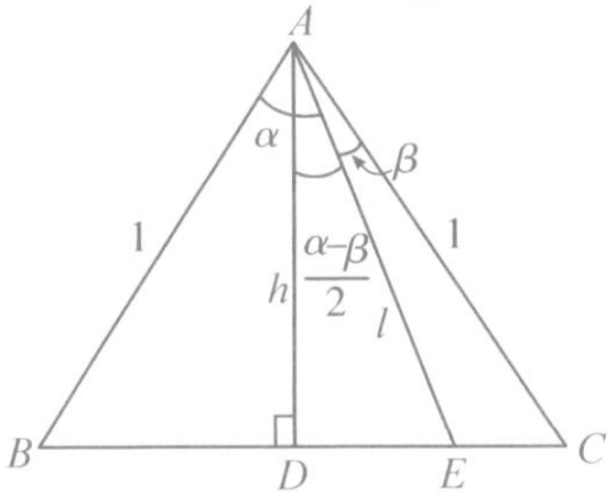

圖 1-19

$\Big($因 $\quad \angle DAC = \angle BAD = \frac{\alpha+\beta}{2}$ ，

所以 $\quad \angle DAE = \frac{\alpha+\beta}{2} - \beta = \frac{\alpha-\beta}{2}\Big)$

$$BD = \sin\frac{\alpha+\beta}{2}\ \left(因\angle BAD = \frac{\alpha+\beta}{2}\right)$$

根據 $S_{\Delta ABE} + S_{\Delta ACE} = S_{\Delta ABC}$ ，便有

$$\frac{l}{2}\sin\alpha + \frac{l}{2}\sin\beta = l\sin\frac{\alpha+\beta}{2}\cos\frac{\alpha-\beta}{2}$$

這不是有名的和化積公式

$$\sin\alpha + \sin\beta = 2\sin\frac{\alpha + \beta}{2}\cos\frac{\alpha - \beta}{2}$$

嗎？

三角形也能幫助我們找到某些不等式。例如，圖 1-20 裏，三個小三角形 ΔOAB、ΔOBC、ΔOCD 面積之和大於 RtΔOAD，這不是在告訴我們，如果三個正角 α、β、γ 之和為 90°，必有

$$\sin\alpha + \sin\beta + \sin\gamma > 1$$

嗎？

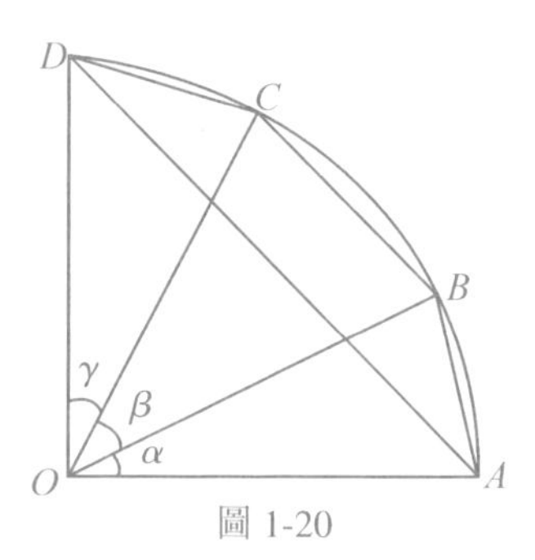

圖 1-20

從雞兔同籠談起

從個別想到一般，從特殊想到普遍，是數學家看問題的基本方法。

知道了 $4+5=5+4$，又知道了 $8+7=7+8$，就要想到加法交換律，想到 $a+b=b+a$。

會解方程 $3x+2=0$ 了，就要想到方程 $ax+b=0$ 怎麼解。一次方程會解了，就要想到二次方程、三次方程怎麼解。

知道了三角形內角和是 180°，就要想四邊形、五邊形、六邊形內角和是多少。

知道了雞會生蛋，就要想鴨子會不會生蛋，麻雀會不會生蛋，進而想到鳥類都會生蛋。

解決特殊問題，常常用特殊的方法。解決一般問題，常常用一般的方法。一般方法可以用來解特殊問題。但是，解特殊問題的特殊方法，有時也能夠化出一般的方法來。

就拿「雞兔同籠」來說吧：雞兔共有 17 個頭，50 隻腳，問有多少雞？多少兔？

列方程太容易了。設雞 x 隻，兔 y 隻。

$$\begin{cases} x + y = 17 \\ 2x + 4y = 50 \end{cases}$$

馬上解出 $x = 9$，$y = 8$。

你還記得小學裏是怎麼解這個題的嗎？思考過程是：如果 17 隻都是雞，應當有 34 隻腳。現在有 50 隻腳，比 34 隻多 16 隻，是因為有兔。有一隻兔，多兩隻腳，多少兔才多 16 隻腳呢？當然是 8 隻了。這麼一分析，公式便出來了：

$$兔數 = \frac{腳數 - 2 \times 頭數}{2}$$

學會解方程列方程之後，也許你已經把這種十分原始的思考方法拋於腦後了吧。現在，讓我們舊事重提，看看這種思考方法能不能在解決更一般的問題時幫幫我們的忙。

方程能幫我們解應用題。現在，反過來，應用題也能幫我們解方程。

比如這個方程組：

$$\begin{cases} 9x + 2y = 37 \\ 5x + 7y = 50 \end{cases}$$

能不能用「雞兔同籠」的思考方法來解呢？

讓我們展開想像的翅膀，把這個方程組化成應用題：某種怪雞 x 隻，怪兔 y 隻。每隻怪雞有 9 頭 5 足，每隻怪兔有 2 頭 7 足。它們共有頭 37 個，足 50 隻。問怪雞怪兔各幾隻？

雞和兔雖怪，思考的方法卻不怪。如果 37 個頭都屬於怪雞，怪雞應有 $\frac{37}{9}$ 隻。每隻怪雞 5 隻足，應當有足 $\frac{37}{9} \times 5 = \frac{185}{9} = 20\frac{5}{9}$ 隻。現在有 50 隻足，多了 $50 - 20\frac{5}{9} = 29\frac{4}{9}$ 隻，是因為有怪兔在作怪，把一個雞頭換成兔頭，足數會增加 $\frac{7}{2} - \frac{5}{9} = \frac{53}{18}$ 隻。有多少個兔頭才會增加 $29\frac{4}{9}$ 隻足呢？只要除一下就能得出 $29\frac{4}{9} \div \frac{53}{18} = 10$，可見有 10 個兔頭，27 個雞頭。所以兔 5 隻，雞 3 隻，即 $x = 3$，$y = 5$。方程解出來了。

如果你嫌這裏的兔和雞太怪，不妨來個代換：$9x = u$，$2y = v$，方程化為

$$\begin{cases} u + v = 37 \\ \frac{5}{9}u + \frac{7}{2}v = 50 \Rightarrow 10u + 63v = 900 \end{cases}$$

這麼一來，「雞」與「兔」比剛才正常一點兒，不那麼怪了。「雞」u 隻，「兔」v 隻，都是一個頭，但每隻「雞」有 10 隻腳，「兔」有 63 隻腳！如果 37 隻都是「雞」，應有 370 隻腳。現在有 900 隻腳，多了 530 隻，是因為有「兔」。把一隻「雞」換成一隻「兔」，要增加 53 隻腳，現在要加 530 隻腳，當然應當有 10 隻「兔」了。於是，$v = 10$，$u = 27$；$x = 3$，$y = 5$。

把這種思路更一般化，還能解字母係數的二元方程組呢。

給了方程組：

$$\begin{cases} ax + by = A \\ cx + dy = B \end{cases}$$

用代換 $ax = u$，$by = v$ 之後，變成

$$\begin{cases} u + v = A \\ \dfrac{c}{a}u + \dfrac{d}{b}v = B \Rightarrow (bc)u + (ad)v = abB \end{cases}$$

設 u 是某種「雞」數，v 是某種「兔」數。每隻「雞」有 bc 隻腳，每隻「兔」有 ad 隻腳。如果 A 個頭是「雞」，則應當有 bcA 隻腳；實際上是 abB 隻腳，差額 $(abB - bcA)$ 是因為有「兔」而產生的。每多一隻「兔」，腳的改變量為 $(ad - bc)$ 隻，故兔數應為

$$v = \frac{abB - bcA}{ad - bc} = \frac{aB - cA}{ad - bc} \cdot b$$

於是

$$u = A - v = A - \frac{abB - bcA}{ad - bc} = \frac{dA - bB}{ad - bc} \cdot a$$

再回顧一下所設的代換 $ax = u$，$by = v$，便得到了二元一次方程組

$$\begin{cases} ax + by = A \\ cx + dy = B \end{cases}$$

的一般求解公式是

$$\begin{cases} x = \dfrac{dA - bB}{ad - bc} \\ y = \dfrac{aB - cA}{ad - bc} \end{cases}$$

為了便於掌握這組求根公式，數學裏特別引進一個記號，叫做「行列式」：

$$\begin{vmatrix} a & b \\ c & d \end{vmatrix} = ad - bc$$

這就是說，上式左端把 a、b、c、d 4 個數排成兩列，兩邊畫上分隔號，就表示 $ad - bc$ 這個式子的值。如：

$$\begin{vmatrix} 3 & 7 \\ -1 & 2 \end{vmatrix} = 3 \times 2 - (-1) \times 7 = 13$$

$$\begin{vmatrix} 4 & 8 \\ 5 & 3 \end{vmatrix} = 4 \times 3 - 5 \times 8 = -28$$

有了行列式記號，二元一次方程組的解的公式便變成了

$$x = \frac{\begin{vmatrix} A & b \\ B & d \end{vmatrix}}{\begin{vmatrix} a & b \\ c & d \end{vmatrix}}, y = \frac{\begin{vmatrix} a & A \\ c & B \end{vmatrix}}{\begin{vmatrix} a & b \\ c & d \end{vmatrix}}$$

和原方程組的係數位置對比一下，很容易記住這個公式。

當然你會進一步問，三元一次方程組有沒有求解公式呢？

也有，而且也可以用行列式表示。

至於四元、五元、六元，以至 n 元一次方程組，也都有行列式解法。一般的 n 階行列式的定義和理論，是高等代數裏的重要內容呢。

遇到一個特殊問題，想想它的一般情形是甚麼；掌握了一個解個別問題的方法，想想它能不能用來解別的更一般的問題：這是學數學時應當常常注意運用的一種思考方法。

定位的奧妙

有些東西，你早已學過，也早已明白了。不過，如果你能尋根究底問一問，也許還會有新的收穫。

比如說帶小數點的數的乘法吧。

$$3.7 \times 4.3 = ?$$

你當然會。先不管小數點，當成整數來乘：$37 \times 43 = 1591$。再看 3.7，小數點後有 1 位，4.3 的小數點後也有 1 位，一共是 2 位，所以答案應當是 15.91。

這是筆算。如果用珠算，又有珠算的定位方法。用對數表或計算尺計算，也各有不同的定位方法。

數學家看問題，總想找一般規律。兩數相乘，積的位數是甚麼樣子，這是客觀存在的。它不依賴於筆算、珠算、對數表或計算尺。既然如此，就應該有一個不依賴於計算方法或計算工具的定位規律。找到了規律，也就有了方法。

找規律，要從簡單的例子開始。3 是 1 位數，4 也是 1 位數，$3 \times 4 = 12$。12 是 2 位數。是不是說 1 位數乘 1 位數就得 2 位數呢？也不盡然，$2 \times 3 = 6$，這裏 1 位數乘 1 位數得 1 位數。

但是，1 位乘 1 位總得不出 3 位數。因為 1 位數小於 10，兩個小於 10 的數相乘總不會大於等於 100 吧。1 位乘 1 位，至少是 1 位數。這麼一分析就知道，1 位乘 1 位，積是 1 位或 2 位。

甚麼時候是 1 位？甚麼時候是 2 位？仔細觀察這兩個式子

$$3 \times 4 = 12$$

$$3 \times 2 = 6$$

前一個式子裏，右端的最高位數 1 比 3 小，比 4 也小。後一個式子裏，6 比 3 比 2 都大。這啟發我們提出一個猜想：如果積是 1 位數，積的數字比乘數大；如果積是 2 位數，積的最高位上的數字比乘數小。

這道理倒也不難弄懂。比如，5×6 得到的積，如果十位上數字不小於 6，豈不是 $5 \times 6 \geq 60$，因而 $5 \geq 10$ 了嗎？

想通了，不等於問題解決了。還需要用準確的語言把規律表達清楚，並且嚴謹地加以證明。比方說，3 是 1 位數，28 是 2 位數，3.5 是幾位數？0.04 又是幾位？這就要規定一個術語——甚麼叫做一個數的「位數」。

我們規定，如果 $10^{n-1} \leq x < 10^n$，就說 x 是 n 位數。這時，$1 \leq \frac{x}{10^{n-1}} < 10$，取 $y = \frac{x}{10^{n-1}}$，則 x 可以寫成

$$x = y \times 10^{n-1} \quad (n\text{ 是任意整數})$$

的形式，而 y 滿足 $1 \leq y < 10$ 這種表示 x 的方法，叫做「科學記數法」。例如，32.04，25，17.8 都是 2 位數，其科學記數法的表示分別是

$$3.204 \times 10, 2.5 \times 10, 1.78 \times 10$$

而 0.00017，0.0002033，0.0009 都是 –3 位數。其科學記數法的表示分別是

$$1.7 \times 10^{-4}, 2.033 \times 10^{-4}, 9 \times 10^{-4}$$

而 0.33、0.807 則是 0 位數，其科學記數法的表示分別是 3.3×10^{-1}, 8.07×10^{-1}。

看一個數是幾位數是容易的。大於 1 的數，小數點左面有幾位便是幾位數。小於 1 的數，第一位有效數字與小數點之間有幾個 0，就是負幾位數；沒 0，是 0 位數。

規定了位數之後，還要規定一種「數字大小比較法」。設 A 的科學記數法的表示是 $A=a\times10^{n-1}$，B 的科學記數法的表示是 $B=b\times10^{m-1}$，如果 $a>b$，就說 A 的數字比 B 的數字大。例如：0.0048 的數字比 371.4 大，因為 $4.8>3.714$；7.4 的數字比 738 大，因為 $7.4>7.38$。

現在可以把規律表述出來了：

乘法定位一般規則：若 $A\times B=C$，當 C 的數字比 A（或 B）的數字小時，C 的位數是 A、B 的位數之和。否則，C 的位數是 A、B 的位數之和減 1。

證明　設 A、B、C 的科學記數法的表示分別是 $a\times10^{m-1}$、$b\times10^{n-1}$、$c\times10^{p-1}$，則它們的位數依次為 m、n、p。由 $A\times B=C$，得

$$ab\times10^{m+n-2}=c\times10^{p-1}$$

故得

$$\frac{a}{c}\times b=10^{p-(m+n)+1}$$

如果 $c<a$，因為 $\frac{a}{c}$、b 都是 1 位數，所以 $1<\frac{a}{c}\times b<100$，從上式右端可見只能有 $\frac{a}{c}\times b=10$，即 $p=m+n$。若 $c\geq a$（或 b），則 $\frac{ab}{c}<10$，只能有 $\frac{ab}{c}=1$，故 $p=m+n-1$，證畢。

例如：$0.00025\times64=?$ 積的有效數字馬上可由速演算法確定為 16，關鍵是定位。0.00025 是 −3 位，64 是 2 位。由於 $1.6<6.4$，故積的位數是兩相乘數位數之和。$-3+2=-1$，故積是 −1 位，即 $0.00025\times64=0.016$。

有了乘法定位法，自然可以建立除法定位規則。

除法定位一般規則：若被除數的數字比除數小，則

商的位數 = 被除數的位數 − 除數的位數。

否則

商的位數 = 被除數的位數 − 除數的位數 + 1。

這個規則不用證明了。除法是乘法的逆運算，從乘法定位規則自然可以推出它：只要把乘式中的積叫做被除數，商和除數都叫做相乘數就可以了。

有趣的是：乘法定位，要先計算有效數字之積再定位，而除法則可以在計算之前定位。例如：$\frac{28.44}{0.00032}$，分子是 2 位，分母是 −3 位，而且 $2.844 < 3.2$，故商的位數 $= 2 - (-3) = 5$，即商的小數點左邊有 5 位。

可以把上述規則概括為：「乘積大，和減 1；除數小，差加 1」，用起來就方便了。

進一步問，如果解比例式

$$\frac{x}{A} = \frac{B}{C}$$

知道了 A、B、C 和 x 的有效數字，又知道 A、B、C 的位數，怎樣確定 x 的位數呢？規律如下：

設 x、A、B、C 的科學計數法的表示分別是

$$t \times 10^{m-1}, a \times 10^{n-1}, b \times 10^{p-1}, c \times 10^{q-1}$$

為確定起見，不妨設 $a \leq b$，則有

(i) 若 $t < b$ 而 $c > a$，或 $t \geq b$ 而 $c \leq a$，則

x 的位數 $= A$ 的位數 $+ B$ 的位數 $- C$ 的位數；

(ii) 若 $t<b$ 而 $c\le a$，則

x 的位數 $=A$ 的位數 $+B$ 的位數 $-C$ 的位數 $+1$；

(iii) 若 $t\ge b$ 而 $c>a$，則

x 的位數 $=A$ 的位數 $+B$ 的位數 $-C$ 的位數 -1。

下面證明 (i)，另兩條請你把它的證明補出來。

在情形 (i)，當 $t<b$ 而 $c>a$ 時，因 $c>a$，故 $\frac{A}{C}$ 的位數 $=A$ 的位數 $-C$ 的位數。又 $t<b$，故由 $x=B\times\left(\frac{A}{C}\right)$ 可知 x 的位數 $=B$ 的位數 $+\left(\frac{A}{C}\right)$ 的位數。規律成立。

當 $t\ge b$ 而 $c\le a$ 時，因 $t\ge b$，由 $x=B\times\left(\frac{A}{C}\right)$ 可知 x 的位數 $=B$ 的位數 $+\left(\frac{A}{C}\right)$ 的位數 -1，又因 $c\le a$，可知 $\left(\frac{A}{C}\right)$ 的位數 $=A$ 的位數 $-C$ 的位數 $+1$。規律也成立。

至於 (ii) 與 (iii)，也可以如法驗證。

定位是個小問題。但若不仔細想，不尋根究底去問，就不能弄清楚。

在弄清定位規律的過程中，要提出問題，試驗特例，形成猜想，約定表達方式，建立概念，證明結論，然後進一步提出更一般的問題。麻雀雖小，五臟俱全。問題是小問題，但思考的過程，卻正反映了學習和研究數學的一般的方法。

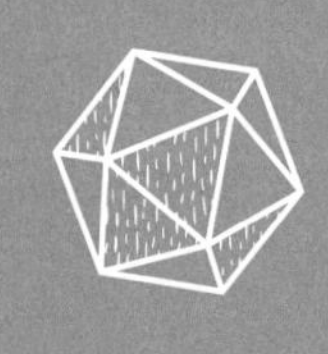

第二章

正反輝映

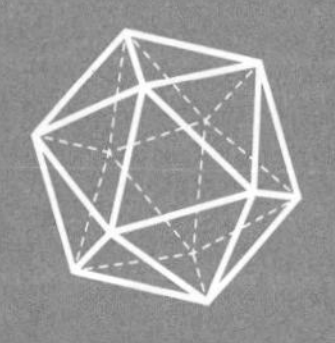

相同與不同

兩樣東西，相同還是不同，張三和李四可能有不同的見解。

一本小說和一本數學手冊，對讀者來說是很不一樣的。到了廢紙收購站，如果都是半斤，都是一樣的紙，都是32開本，就沒有甚麼不同了。

即使是同一個人吧，他看小說的時候，內容的不同對他是很重要的。看得瞌睡了，把書當枕頭，內容不同的書所起的作用也就大致一樣了。

數學家看問題，關心的是數量關係和空間形式，用的是抽象的眼光。有些我們覺得不同的東西，數學家看來卻會是相同的。

3隻小雞、3隻熊貓、3條恐龍，它們之間的差別可以使生物學家激動不已。但是對於數學家來說，無非都是乾巴巴的數字「3」而已。

月餅、燒餅、鐵餅，到了數學家那裏，無非都是圓。

數學家的眼光，又是十分精確而嚴密的。我們覺得一樣的東西，或差不多的東西，數學家看來卻會有天壤之別。

德國的魯道夫曾經把圓周率π算到小數點以後的35位：

π = 3.14159 26535 89793 23846 26433 83279 50288……用這樣的π值計算一個能把太陽系包圍起來的大球的表面積，誤差還不到質子表面積的1%，夠精確了吧？但數學家看來，它和真正的π有本質的不同：這個數是有理數，而π是無理數！

一條線段上有無窮多個點。如果把它的兩個端點去掉，線段 •————• 的長度不會變，因為點沒有大小，不佔地方。也許你覺得，多這兩 ○————○ 個點和少這兩個點沒甚麼關係吧！數學家卻不這麼大方。他們對這兩個點，可真是斤斤計較，或者更確切地說，是錙銖必較。在數學裏，帶有兩個端點的線段叫「閉線段」，不帶這兩個端點的線段便叫「開線段」。一開一閉，大不相同。在高等數學裏，不少定理對閉線段成立，對開線段就不成立。

在數軸上，不等式 $0 \leq x \leq 1$ 表示閉線段，也叫閉區間 $[0, 1]$，而不等式 $0 < x < 1$ 表示開線段，也叫開區間 $(0, 1)$。在 $[0, 1]$ 裏有最大數 1，有最小數 0。可是在開區間 $(0, 1)$ 裏，卻沒有最大的數和最小的數。

假想閉區間 $[0, 1]$ 裏的每個點都是一個小人兒，下雨啦，他們撐起了無數的小傘，小傘替每個點都很好地遮了雨。有一條定理說：這時沒有必要用無窮多把傘，從這些傘裏一定可以挑出有限把，其他的都收起來，照樣遮雨。這是微積分學裏一條有名的定理，叫「有限覆蓋定理」。

有趣的是，對開區間 $(0, 1)$，卻沒有「有限覆蓋定理」。

比如，下面這無窮多的一串傘（圖 2-1）：

$\left(\frac{1}{3}, 1\right)$，$\left(\frac{1}{4}, \frac{1}{2}\right)$，$\left(\frac{1}{5}, \frac{1}{3}\right)$，$\left(\frac{1}{6}, \frac{1}{4}\right)$，⋯，$\left(\frac{1}{n}, \frac{1}{n-2}\right)$，⋯確實遮蓋了 $(0, 1)$ 中的每個點。如圖 2-1 所示：

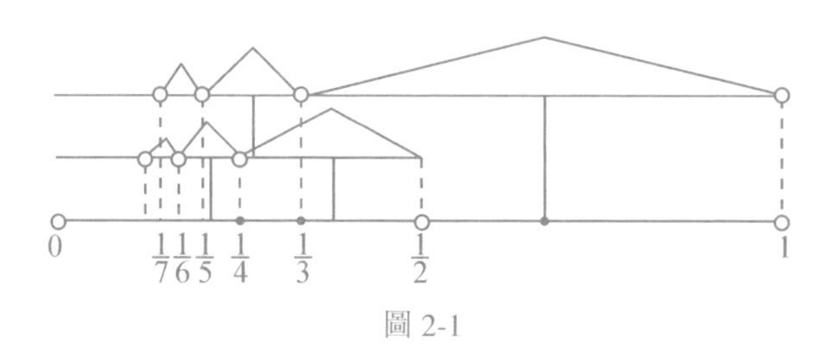

圖 2-1

具體地說，$\left(\frac{1}{3}, 1\right)$ 包含了 $\frac{1}{2}$，$\left(\frac{1}{4}, \frac{1}{2}\right)$ 又包含了 $\frac{1}{3}$，$\left(\frac{1}{3}, \frac{1}{5}\right)$ 包含了 $\frac{1}{4}$……$\left(\frac{1}{n+1}, \frac{1}{n-1}\right)$ 包含了 $\frac{1}{n}$。

但是，絕不可能從這一串「傘」裏挑出有限把傘，替 (0, 1) 中的每個點都遮好雨。

事情很清楚，如果挑出來的這有限把傘裏最左邊的是 $\left(\frac{1}{m}, \frac{1}{m-2}\right)$，那麼，$\frac{1}{m}$ 這個點便淋雨了。比 $\frac{1}{m}$ 更小的那些數所表示的點，當然也都是「不幸」的捱雨淋的小東西。

多兩點與少兩點，這裏面大有文章，值得反覆推敲。數學家看問題，就是這樣反覆推敲的。

歸納與演繹

用手扔一個石子，它要掉下來。再扔一個玻璃球，它也要掉下來。再扔一個蘋果，它還是要掉下來。我們會想到：不管扔個甚麼東西，它都是要掉下來的；進一步去想這是為甚麼，想到最後，認為是由於地球有引力。

但是，我們並沒有把每件東西都扔上去試一試。試了若干次，就認為可以相信這是普遍規律。這種推理方法，叫歸納推理。

在物理、化學、生物、醫學等許多實驗科學的研究中，用歸納推理來驗證一條定律、一條假說是常有的事。理論對不對，用實驗來驗證。

數學研究似乎不是這樣。你在紙上畫一個三角形，用量角器量量它的三個角的大小，加起來差不多是 180°。這樣畫上一百個三角形來試驗，發現每個三角形內角和都接近 180°。而且量得越準，越接近 180°。你能不能宣佈，我用實驗證明了一條幾何定理「三角形內角和是 180°」呢？

老師早就告訴你了，這不行。要證明一條幾何定理，要從公理、定義和前面的定理出發，一步一步地按邏輯推理規則推出來才算數。用例子驗證是不合法的。

這表明，數學要的是演繹推理。歸納推理只能作為提出猜想的基礎，不能作為證明的依據。

歸納法與演繹法，是人類認識世界的兩大工具。既然都是認識世界的工具，又何必這樣水火不相容呢？

可是有些數學家，眼光偏偏與眾不同。中國著名數學家洪加威，在 1985 年發表的兩篇論文中，提出了新穎的見解。他用演繹推理的方法嚴格地證明了這麼一件使人吃驚的事：對於相當大的一類初等幾何命題，只要用一個例子驗證一下，便能斷定它成立不成立！

這叫做幾何定理證明的「例證法」。

根據「例證法」，要證明「三角形內角和等於 180°」，畫出某個「一般的」三角形仔細量量它的三角，確實是 180°，我們就說這個命題成立。不過，要量得足夠準確！

也許你不相信，也許你以為這裏面包含了過於高深的數學理論。

恰恰相反，例證法的基本原理很平常，我一說你就能明白。

在你面前寫一個等式：

$$(x+1)(x-1)=x^2-1 \tag{1}$$

你知道，這是個恆等式。因為用一下分配律：

$$(x+1)(x-1) = x(x-1) + (x-1)$$
$$= x^2 - x + x - 1 = x^2 - 1$$

就給出了證明。

如果有人告訴你：取 $x = 0$ 代入（1），兩邊都得 -1；取 $x = 1$，兩邊都得 0；取 $x = 2$，兩邊都得 3。這就表明 (1) 是恆等式。你怎麼想呢？你可能不同意。恆等式嘛，必須是所有的 x 代進去都能使兩邊相等。才代了 3 個，憑甚麼斷定它是恆等式呢？

有趣的是，這樣取 3 個值代入後，確實證明了（1）是恆等式。

道理很簡單。如果（1）不是恆等式，它就是一個不超過二次的方程，這種方程至多有兩個根；現在竟有 3 個「根」了，那它就不是二次方程或一次方程：所以一定是恆等式。

按照這個道理，要判斷一個最高次數為 3 的等式是不是恆等式，只要取未知數的 4 個不同的值代入驗算。4 次等式用 5 個值，5 次等式用 6 個值，n 次等式用 $(n+1)$ 個值代入。這是因為 n 次方程至多有 n 個根，如果居然有 $(n+1)$ 個值代入都能使它兩端相等，那它一定是恆等式。例如，要證明

$$x^3 + 1 = (x+1)(x^2 - x + 1)$$

是恆等式，只要取 $x = 0, 1, 2, 3$ 代入看看。一看，都對，這就證明了它是恆等式。

這種方法叫做用舉例的方法證明恆等式。因為證明一個恆等式要舉幾個例子，所以叫多點例證法。

如果又有人說，要證明 $(x+1)(x-1)=x^2-1$ 是個恒等式，不一定取 x 的 3 個值驗算，只要把 $x=10$ 代入看看。這時兩邊都是 99，所以它一定是恒等式。這麼說對不對呢？

也許你會抗議。剛才明明說過，二次等式要用 3 個值代入驗證，現在僅僅用 $x=10$ 試了一下，為甚麼說就行了呢？

用 $x=10$ 試一下就行，有它的道理。

用反證法。如果 (1) 不是恒等式，把它展開、移項、合併，得到一個方程

$$ax^2+bx+c=0 \tag{2}$$

從 (1) 式不難看出，a、b、c 都是整數，而且絕對值不會比 5 大，取 $x=10$ 代入，應當有：

$$a\times 10^2+b\times 10+c=0$$

移項，取絕對值得

$$|100a|=|10b+c|\leq 10|b|+|c|\leq 55 \tag{3}$$

於是 a 必須為 0，因而

$$|10b|=|c|\leq 5 \tag{4}$$

這就推出 b 必須為 0。

於是 c 也必須為 0 了。這表明 (1) 是恒等式。

由此可見，要驗證一個帶有未知數的等式是不是一個恒等式，只要舉一個例子。不過，這個例子裏的未知數要足夠大。

有時，等式會不止出現一個未知數。例如：

$$(x^3+y^2)(x^3-y^2)=x^6-y^4 \tag{5}$$

這個等式裏有 x、y 兩個未知數，關於 x 的最高次數是 6 次，關於 y 的最高次數是 4 次。驗證時可以取 x 的 7 個值，如 $x = 0$、1、2、3、4、5、6，y 的 5 個值，如 $y = 0$、1、2、3、4，交叉組合出一共 $(6 + 1) \times (4 + 1) = 35$ 組 (x, y) 代入驗算，如果都對了，就證明 (5) 是恆等式。

也可以用一組 (x, y) 代入驗算，但是 x 和 y 的取值都要很大，而且一個要比另一個大得多。具體到等式 (5)，可以取 $y = 10$，$x = 100000$。

等式裏有更多的未知數的時候，仍然可以用例證法來判別它是不是恆等式。如果它含 m 個未知數，次數分別是 k_1，k_2，…，k_m，那麼就要用

$$(k_1 + 1)(k_2 + 1)\cdots(k_m + 1)$$

組未知數的值代入檢驗。

如果這個等式裏係數都是整數，而且展開之後可以預估每項係數絕對值都不超過 $N - 1$，就可以用一組未知數的值來檢驗。這組未知數可以取以下形式：

$$x_1 = N, x_2 = x_1^{k_1+1}, x_3 = x_2^{k_2+1}, \cdots, x_m = x_{m-1}^{k_{m-1}+1}$$

這是一組大得可怕的數。

總之，含多個未知數的代數等式是不是恆等式的問題，也可以用例證法解決。用許多組數值不大的例子可以，用一組很大數值的例子也可以。

用解析幾何的原理，可以把幾何命題成不成立的問題轉化為檢驗代數式是不是恆等式的問題。用一組未知數檢驗，在幾何裏相當於具

體畫一個圖。這樣，舉一個例子就可以檢驗幾何命題是不是成立，也就不足為奇了。

洪加威提出的例證法，是舉一個例子來檢驗，例子雖只有一個，但數值很大，用電子計算機算起來都很困難。

另外，中國有些數學家還提出了多點例證法，即舉多組例子，但每個例子計算起來都很快，這樣就使例證法從理論變為現實。

數學裏有不少問題，可以用「舉例」的方法解決。可以說，在歸納推理和演繹推理之間，已經沒有一條不可踰越的鴻溝了。

精確與誤差

邊長為 1 米的正方形，它的對角線是 $\sqrt{2}$ 米。這是用勾股定理算出來的，是完全準確的答案。

但是，$\sqrt{2}$ 米是沒法用尺子量出來的，也不好用於實際的計算。你到商店買 $\sqrt{2}$ 米布，售貨員沒法給你量。即使用幾何作圖的辦法給你扯了 $\sqrt{2}$ 米布，價錢也不好算。比如，每米 1.5 元，$\sqrt{2}$ 米就是 $1.5 \times \sqrt{2}$ 元。怎麼收款呢？只有用 $\sqrt{2}$ 的近似值 1.414，$1.5 \times 1.414 = 2.121$，還要四捨五入，收二元一角二分錢。

所以，要想做到完全精確，沒有誤差，在實際生活中是行不通的。

在實際生活中，甚至在很精密的科技活動中，都是允許有誤差的；只要誤差不超過一定的限度，也就可以了。

但是，作理論研究的時候，有時就要絕對精確。「三角形內角和等於 180°」，這個定理中的 180° 一點也不能變。多一丁點兒，少一丁點兒，定理就不成立了。説「$\sqrt{2}$是方程$x^2-2=0$的根」，也是毫不含糊的。把$\sqrt{2}$改成1.4142，就不對了。

這時，要是用電子計算機檢驗一個數是不是某個方程的根，可能出現這樣的問題：計算機把x的值代到方程裏，算到最後，算出來的是一個很小很小的數，比方説，0.000000001，這可叫人捉摸不定了！究竟它是不是方程的根呢？也許它不是方程的根，算出來本來就不該等於0；也許它本來是方程的根，只是因為計算機在計算過程中有捨入誤差（例如，我們用1.41421…代替$\sqrt{2}$），結果算出來不是0了。

聯繫到上一節裏説的用例證法證明幾何定理，這個問題尤為嚴重。代進去真正是0，定理就成立了。差一點點兒，定理就不成立了。這真是差之毫釐，謬之千里，疏忽大意不得的事。不解決計算必有誤差與絕對精確的要求之間的矛盾，例證法也就是一句空話！

提出了例證法的洪加威，當然看到了這個問題的嚴重性。但是，他很快又看到了：通過並不絕對精確的計算，卻能夠得到絕對正確的結論！

道理何在呢？

舉個簡單的例子。如果我們要算某一個**整數**，算的過程中可能要經過加、減、乘、除、開方、解方程、查三角函數表等許多運算。由於不可避免的誤差，結果是6.003。如果誤差不超過0.5的話，準確值應當在5.503與6.503之間。在這個範圍內只有一個整數6，所以，準確的結果就一定是6。這樣，在一定條件下，不那麼精確的計算幫我們得到了十分精確的結論。

再舉一個複雜一點的例子。甲寫給乙一個三次方程：

$$x^3+ax^2+bx+c=0 \tag{1}$$

並且告訴乙，這裏的系數 a、b、c 都是絕對值不大於 10 的整數；又說，將 $x = 0.414214$ 代入（1），用電子計算機可以算出

$$|(0.414214)^3 + a \times (0.414214)^2 + b \times 0.414214 + c| < 0.000002,$$

然後問：由於 1.414214 是根號 2 的近似值，根據這個結果，能不能斷定

$$x = \sqrt{2} - 1 \qquad (2)$$

正好是方程（1）的根呢？

你想，乙如何才能回答這個問題？

老老實實把（2）代入（1）的左端，經過整理和化簡，得到：

$$(3a - b + c - 7) + (-2a + b + 5) \times \sqrt{2} \qquad (3)$$

記此數為 f，並令 $m = |3a - b + c - 7|$，$n = |-2a + b + 5|$，則由於 m 和 n 都是整數，而 $|f| < 0.000002$，可見

$$|f| = |m - n\sqrt{2}| \qquad (4)$$

又因為 a、b、c 的絕對值都不大於 10，故 $m < 58$，而 $n < 36$，所以

$$m + n\sqrt{2} < 120 \qquad (5)$$

如果 f 不為 0，則必有：

$$|f| = |m - n\sqrt{2}| = \frac{|m^2 - 2n^2|}{m + n\sqrt{2}} \geq \frac{1}{m + n\sqrt{2}} > \frac{1}{120}$$

這與 $|f| < 0.000002$ 矛盾，可見 $f = 0$；也就是說

$$x = \sqrt{2} - 1$$

確實是方程（1）的根！

帶有誤差的計算告訴了我們絕對正確的信息：$x = \sqrt{2} - 1$ 確實是三次方程（1）的根！

為甚麼能夠透過帶有誤差的計算看到絕對正確的結果呢？關鍵之處是我們預先斷定：如果不是 0，它總得大於 $\frac{1}{120}$；反過來，只要比 $\frac{1}{120}$ 小，它一定是 0 了。

由此可見，預見計算結果的範圍，就十分重要了。

我們知道，任何計算總離不開加減乘除。而在計算的出發點，我們總可以把所有參與運算的數都看成整數，因為小數無非是整數除整數的商。那麼從有限個絕對值不超過 m 的整數出發，進行總數不超過 N 次的加、減、乘、除，得到的結果的絕對值如果不是 0，至多能小到甚麼程度呢？

可以證明，它不可能比 $(\sqrt{2m})^{-2^N}$ 即 $\frac{1}{(\sqrt{2m})^{2^N}}$ 更小。如果算出來比這個界限更小，那它一定是 0 了。

更一般的問題是：從有限個數出發，經過有限次數學運算（四則，開方、乘方，解代數方程，求三角函數與反三角函數，取對數或反對數，求和，微分與積分……），當然只能得到有限個數，這些數當中去掉 0，總有絕對值最小的。這個最小的絕對值的界限是多大呢？

比如說：從 1 出發，經過加、減、乘、除、取正弦函數這五種運算共 100 次，能得到的最小的正數是多大？當然，精確算出來很難。能不能估計一下它大於多少呢？它是不是比億億分之一大？

這類問題很重要，但又很難。數學家們目前還找不到辦法來回答它。

變化與不變

哥哥長 1 歲，弟弟也長 1 歲。兩個人的年齡都變了，但年齡的差沒有變。去年哥哥比弟弟大 3 歲，今年還是大 3 歲。

一個小球拋上去，越高，小球上升的速度就越慢，到了最高點向下落，越落，小球下降的速度就越快。它的高度和速度在不斷變化之中。高了，勢能增加，但速度變小了——動能減少了。低了，勢能減少，但速度變大了——動能增加了。它的機械能——勢能與動能之和——是不變的。

把一張椅子從屋裏搬到院子裏，椅子的位置變了，但大小沒有變。它還是那麼高、那麼寬。方的還是方的，圓的還是圓的。

照相機把萬里河山的壯麗景色攝於小小的底片上，顯微鏡把細菌的奧秘呈現於眼底。大的可以變小，小的可以變大。在這類變化之中，大小變了，模樣兒大體沒有變。

大千世界，到處都在發生着或明顯或隱蔽的運動與變化。迅速的變化令人目眩神迷，緩慢的變化使人不知不覺。但是，正像前面舉的一些例子那樣，在變化的過程中，常常有相對不變的東西。

數學家的眼光，常常盯住變化中不變的東西。正是這些不變的東西，把變化中的不同鏡頭聯繫起來，幫助我們認識變化過程的本質，幫助我們解決各種問題。

小學生知道，解有關年齡的應用題的時候，兩個人的年齡差不變是個關鍵。抓住這一點，往往可以使問題迎刃而解。

中學生知道，方程兩邊同時加上或減去一個數、一個代數式，方程樣子變了，但解沒有變。抓住了這一點，才能用移項的辦法化簡方程，求方程的解。

一個代數式子，可以變成另一種形式。例如，a^2-b^2 可以寫成 $(a+b)(a-b)$。樣子變了，但讓 a、b 取具體數值的時候，算出來的結果不會變。正因為如此，我們才可以把 57^2-56^2 寫成 $(57+56)(57-56)$，一下子算出它是 113；把 48×52 寫成 $(50-2)\times(50+2)=50^2-4$，一下子算出它是 2496。

平面幾何裏，圖形裏的一部分，可以經過旋轉、平移、反射、放大、縮小變成另一部分。在旋轉、平移、反射的時候，兩點的距離是不變的。在按比例放大、縮小的時候，角度是不變的。利用圖形在變化過程中的不變性質，常常可以找到巧妙的解題竅門。

想要證明「等腰梯形 $ABCD$ 的兩底角 $\angle A$ 與 $\angle B$ 相等」，簡便的辦法是把線段 AD 沿着上下底所限定的軌道平移，平移到 D 與 C 重合，A 搬到 E 處，讓圖上變出來一個等腰三角形 CEB（圖 2-2）。平移的時候，AD 變成了和它一樣長的 CE，$\angle DAB$ 變成了和它一樣大的 $\angle CEB$。$\angle CEB=\angle CBE$，也就是 $\angle A=\angle B$ 了。

在正方形 $ABDF$ 的兩邊 BD，DF 上取 C、E 兩點，使 $\angle CAE=45°$，要你證明

$$BC+EF=CE$$

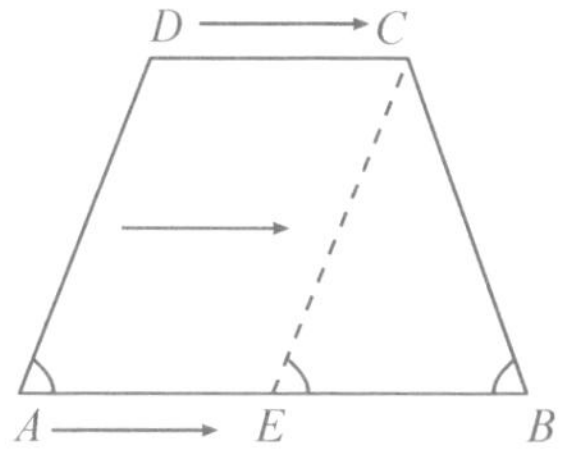

圖 2-2

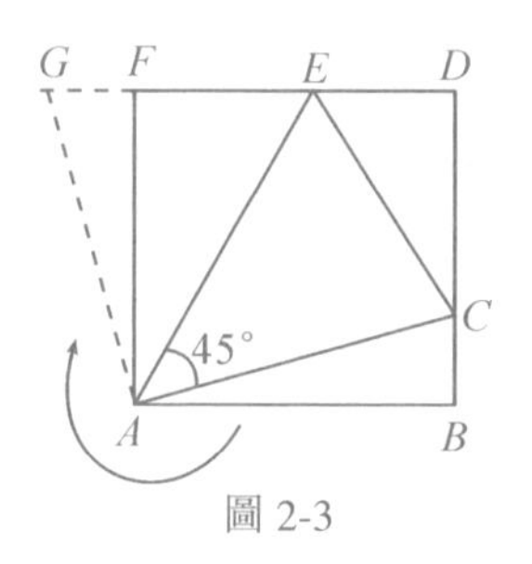

圖 2-3

這不是一個容易做的題目。如果你想到了旋轉，會把 ΔBAC 繞點 A 轉到 ΔFAG 的位置（圖 2-3），就會發現問題變得明朗化了。在旋轉中，長度不變，所以 $AB = AF$，$AC = AG$，角度也不變，所以 $\angle BAC = \angle FAG$。這就證明了 $\Delta AGE \cong \Delta ACE$，於是

$$BC + EF = GF + FE = GE = CE$$

問題便解決了。

反射就是給圖形照鏡子。別看這個變換簡單，它有時能給人們提供絕妙的解題方法。讓我們來看一個著名幾何題的巧奪天工的解法。

18 世紀初，意大利數學家法格乃諾提出了這樣一個問題：

「給了一個銳角三角形 ABC，作一個內接於它的周長最小的三角形。」

也就是說，在 BC、CA、AB 三邊上，分別取點 X、Y、Z，使 $XY + YZ + ZX$ 最小。

請看法國數學家小加勃里爾 · 馬南給出的解答：

在 AB 上任取一點 Z，把 BC 當鏡面，Z 在鏡中成為 H。把 AC 當鏡面，Z 在鏡中成為 K。連 HK，分別交 BC 於 X、交 AC 於 Y，則

$$XY + YZ + ZX = XY + YK + XH = HK$$

如果 X、Y 位置變成 X'，Y'，則

$$X'Y' + Y'Z + ZX' > HK$$

所以，如果 Z 固定了，周長最小的內接三角形只能是 ΔXYZ（圖 2-4）。

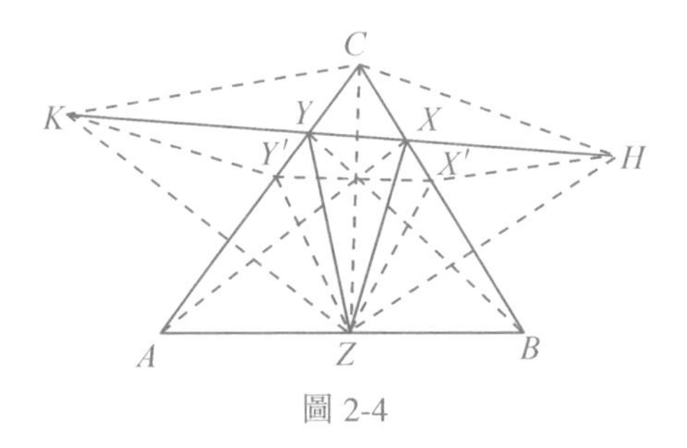

圖 2-4

那麼，當 Z 變化的時候，哪個位置使 HK 變得最小呢？

很明顯，$\angle ZCB = \angle HCB$，$\angle ZCA = \angle KCA$。所以一定有 $\angle KCH = 2\angle ACB$，並且有 $CK = CZ = CH$。因而 ΔCKH 是頂角固定 $(2\angle ACB)$ 的等腰三角形。腰越長，底邊 KH 也越長。甚麼時候腰最短呢？也就是說，甚麼時候 CZ 最短呢？當然只有當 $CZ \perp AB$ 的時候，CZ 最短。

同樣的道理，AX 應當是 BC 邊上的高，BY 應當是 AC 邊上的高。

結論：當 X、Y、Z 是 ΔABC 三邊上的垂線的時候，ΔXYZ 是周長最小的內接三角形！

再舉一個例子，看看按比例放大的用處。

這裏有一個銳角 ΔABC，請你在 AB 邊上取兩點 P、Q，作一個正方形 $PQRS$，要求 R、S 兩點正好落在 AC、BC 兩邊上。

一下子作出這麼個正方形，確實不容易，不是大了，就是小了。

小就小吧，先靠着 $\angle A$ 擺一個小正方形，如圖 2-5。這不難，可惜這個小正方形有一個頂點 M 沒有落到 ΔABC 的邊上。怎麼辦？來一個放大：連 AM，延長後交 BC 於 R。過 R 作 AB 的垂線交 AB 於 Q，作 AB 的平行線交 AC 於 S，又過 S 作 AB 的垂線交 AB 於 P。不難弄清楚，$PQRS$ 是由那個小正方形經過成比例放大而得到的，所以也是個正方形。

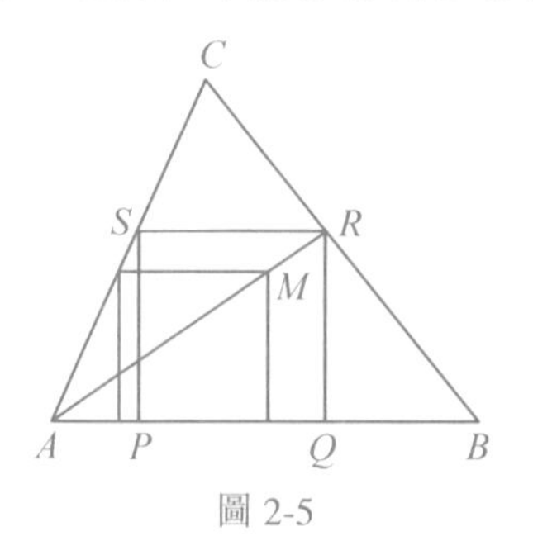

圖 2-5

變換，是數學家手裏的一大利器。看清楚哪些東西是在變化中不變的，數學家就能得心應手地用變換的辦法解決問題。

第三章

巧思妙解

橢圓上的蝴蝶

玻璃窗的窗框是正方形的。陽光透窗而入，落在地板上，窗框的影子卻未必是正方形的了。但是也不會變成圓形或三角形，這影子是一個平行四邊形。

在玻璃窗上畫一個幾何圖形，陽光會把這個幾何圖形「印」到地板上——但是樣子變了。

太陽離地球很遠很遠，所以照在玻璃窗上的一束光，可以當成是平行光束。在平行光束投射之下，玻璃上的幾何圖形和它的影子圖形可以很不一樣。

你可能注意到：正午，你的影子很短；傍晚，它很長。

正方形的影子不一定是正方形。所以，圖形裏的角和影子裏的角也不一定一樣了。

這種圖形變換，變得比旋轉、平移、反射都厲害，它能改變兩點之間的距離；變得比「按比例放大、縮小」更厲害，它能改變兩直線之間的夾角。

數學家把這種變換叫「仿射變換」。

長短可以改變，角度也可以改變。玻璃上的圖形和地板上的影子之間還有甚麼共同之處呢？

共同點還不少呢！

直線的影子還是直線。確切地說，線段的影子還是線段——因為玻璃上畫不下一整條直線。

線段的中點還是中點。也就是說，如果玻璃上有一條線段 AB，AB 中點是 M。AB 的影子是 $A'B'$，M 的影子是 M'，則 M' 也是 $A'B'$ 的中點。

平行線的影子還是平行線。

平行四邊形的影子還是平行四邊形。

三角形的影子還是三角形。

圓變成甚麼樣子了呢？

圓可能變扁。用準確的數學術語説，圓變成了橢圓。

甚麼是橢圓？

一根圓木棒，用鋸子斜着鋸斷，斷面就是橢圓。一個圓，均勻地壓縮或拉伸，便成了橢圓。壓縮或拉伸的辦法是：取一條直徑，從圓周上每一點 P 向直徑作垂線 PA；再取定一個正的常數 k，在直線 PA 上取 P'，使 $P'A = kPA$，這些 P' 便組成了橢圓（圖 3-1）。當 $k < 1$ 時，是把圓壓縮了；當 $k > 1$ 時，是把圓拉伸了。

在木板上畫個橢圓並不難。釘上兩個釘子 A 與 B，用細繩圈套住兩個釘子。一支鉛筆放在繩套裏，繃緊了邊滑邊畫，橢圓便出來了（圖 3-2）。

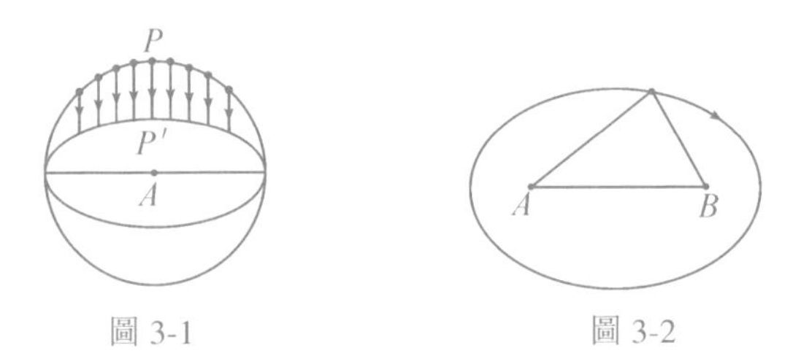

圖 3-1　　圖 3-2

關於圓，有一個有趣的定理：

蝴蝶定理　設 AB 是圓 O 的弦，M 是 AB 的中點。過 M 作圓 O 的兩弦 CD、EF，CF、DE 分別交 AB 於 H、G。則 $MH = MG$。

這個定理畫出來的幾何圖，很像一隻翩翩飛舞的蝴蝶，所以叫做蝴蝶定理（圖 3-3）。

蝴蝶定理的第一個證法是 1815 年由數學家奧納完成的。百多年來，人們不斷地提供多種多樣的證明。其中一個最簡單的證明是這樣的：

先注意一條簡單的命題：

共角三角形的比例定理　在 ΔABC 和 $\Delta A'B'C'$ 中，如果 $\angle A=\angle A'$，則

$$\frac{S_{\Delta ABC}}{S_{\Delta A'B'C'}}=\frac{AB\cdot AC}{A'B'\cdot A'C'}$$

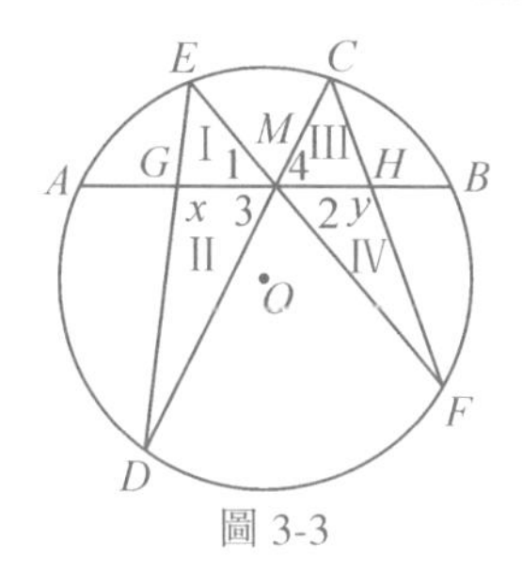

圖 3-3

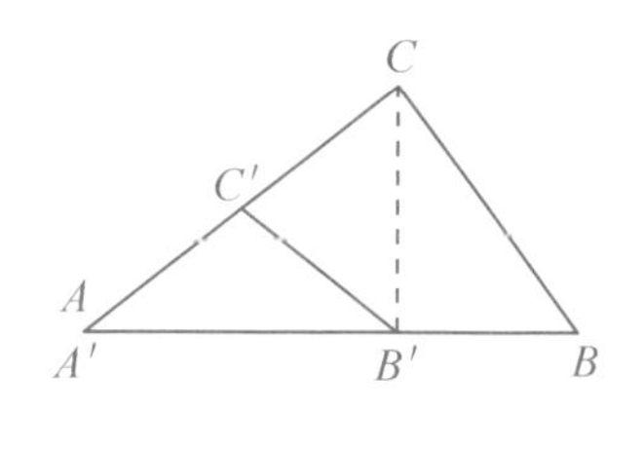

圖 3-4

證明是容易的，這裏用到小學生都知道的「共高三角形面積比等於底之比」：把 ΔABC 和 $\Delta A'B'C'$ 的 $\angle A$ 與 $\angle A'$ 重在一起（圖 3-4），就可以看出來：

$$\begin{aligned}\frac{S_{\Delta ABC}}{S_{\Delta A'B'C'}}&=\frac{S_{\Delta ABC}}{S_{\Delta A'B'C}}\cdot\frac{S_{\Delta A'B'C}}{S_{\Delta A'B'C'}}\\&=\frac{AB}{A'B'}\cdot\frac{AC}{A'C'}\end{aligned}$$

這個非常有用的共角比例定理便出來了。

在蝴蝶圖中，ΔI 和 ΔIV、ΔIV 和 ΔII、ΔII 和 ΔIII、ΔIII 和 ΔI 兩兩都是共角三角形。所以，

$$1 = \frac{S_{\Delta \mathrm{I}}}{S_{\Delta \mathrm{IV}}} \cdot \frac{S_{\Delta \mathrm{IV}}}{S_{\Delta \mathrm{II}}} \cdot \frac{S_{\Delta \mathrm{II}}}{S_{\Delta \mathrm{III}}} \cdot \frac{S_{\Delta \mathrm{III}}}{S_{\Delta \mathrm{I}}}$$
$$= \frac{ME \cdot MG}{MH \cdot MF} \cdot \frac{MF \cdot HF}{MD \cdot GD} \cdot \frac{MD \cdot MG}{MH \cdot MC} \cdot \frac{MC \cdot HC}{ME \cdot GE}$$
$$= \frac{MG^2}{MH^2} \cdot \frac{HF \cdot HC}{GE \cdot GD} \qquad (1)$$

利用圓的性質：

$$HF \cdot HC = HB \cdot HA$$

$$GE \cdot GD = GA \cdot GB$$

為了清楚，記 $AB = 2a$， $MG = x$， $MH = y$，則

$$HA = a + y，HB = a - y$$

$$GA = a - x，GB = a + x$$

代回到等式（1）中：

$$1 = \frac{x^2}{y^2} \cdot \frac{(a - y)(a + y)}{(a - x)(a + x)}$$
$$= \frac{x^2(a^2 - y^2)}{y^2(a^2 - x^2)}$$

也就是

$$y^2(a^2 - x^2) = x^2(a^2 - y^2)$$

整理之後得 $x^2 = y^2$ ，即 $MG = MH$。

這個證法，不用輔助線，從一個平凡的等式出發，一氣呵成，已夠妙的了。更妙的是，數學家們目光一轉，忽然發現：蝴蝶定理裏面的圓換成橢圓（圖 3-5），這個定理依然成立！

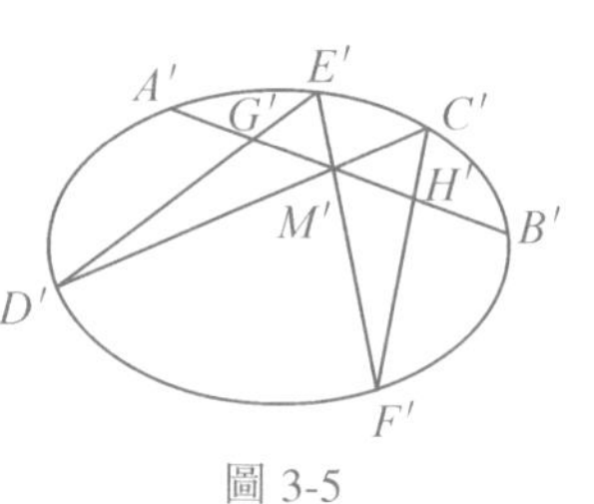

圖 3-5

直接證明可真不容易！剛才，我們用了圓周角定理和相交弦定理，這些定理對橢圓並不成立，怎麼辦呢？

仿射變換幫了我們的大忙。適當選取平行光束照射的角度，總可以把地板上的橢圓當成玻璃上的圓的影子。A'、B'、M'……是 A、B、M……的影子。橢圓上的蝴蝶是圓上的蝴蝶的影子。既然在橢圓上 M' 是 $A'B'$ 的中點，在圓上 M 就是 AB 的中點。根據圓上的蝴蝶定理，M 也是 HG 的中點。再投影到地板上，M' 也是 $H'G'$ 的中點，即 $M'H' = M'G'$。橢圓上的蝴蝶定理也成立！

就這樣，教學家利用變換下的不變的東西，化難為易，由此及彼，使隱蔽的規律暴露出來，輕而易舉地達到了本來似乎是鞭長莫及的目標！

無窮遠點在哪裏

兩條直線至多交於一點。

但是，即使在同一個平面上，兩條直線也不一定非相交不可。如果不相交，就說這兩條直線平行。

平行線不相交，它們好像筆直的鐵路上的兩根鋼軌，距離處處相等，一同伸向遠方。

不過，當你順着鐵路向前方眺望的時候，你卻感到，兩根鋼軌之間的距離越來越小。終於，在地平線上，它們似乎匯合在一起了。

你明白，這是視覺的假象，它們不會合為一點。

但也許是因為這種假象給人們以影響吧，有不少人就說：兩條平行線交於無窮遠處。不過，直線相交處是點，所以也説：兩條平行線交於無窮遠點。

這種説法對嗎？退一步，這種説法能講出點甚麼道理嗎？

要想為「平行線交於無窮遠點」找點根據，就得解釋清楚甚麼叫「交」，甚麼叫「無窮遠點」。

數學家還真的給這種説法找到了可以自圓其説的解釋。

交，是好理解的。兩條直線有一個交點，也就是兩條直線有一個公共點。

兩條平行直線，有甚麼公共的東西呢？如果有甚麼公共特點的話，這個公共特點也就可以勉強叫做「無窮遠點」吧！「交於無窮遠點」，也就是有公共的「無窮遠點」！

兩條平行直線被第三條直線所截，同位角相等，這表明，平行線有共同的方向，或者説，它們對同一直線傾斜的程度是一樣的！

兩個人分別在兩條直線上行走，如果兩條直線不平行，它倆之間的距離最終會越走越遠。當兩條直線平行的時候，它們才有可能永遠保持着不遠不近的距離。

這麼説，「無窮遠點」就是方向，就是傾斜度。每條直線有自己的傾斜度，也就是有自己的「無窮遠點」。

用這個觀點看問題，便可以説：「平面上任意兩條直線交於一點，或者是平常的點，或者是無窮遠點。」

望遠鏡能幫我們看到遠方的景色，但看不到無窮遠點。數學家的眼光卻能看到無窮遠點。這不是胡説，數學家真有辦法把無窮遠點從無窮遠處拉回來，變成看得見摸得着的平平常常的點。

數學家有自己的超級望遠鏡，這個超級望遠鏡叫做「射影變換」。

如圖 3-6，在平坦的廣場上豎立兩根高高的竿子，一根是 *AB*，一根是 *CD*。它們可以看成兩條平行線。比這兩根竿子更遠的地方，有一根燈柱。電燈 *O* 光芒四射，它把兩根竿子的長長的影子投到地面上。這兩條影子，不再是平行的了！它們的延長線交於一點 *P*，*P* 恰在燈柱的下端！

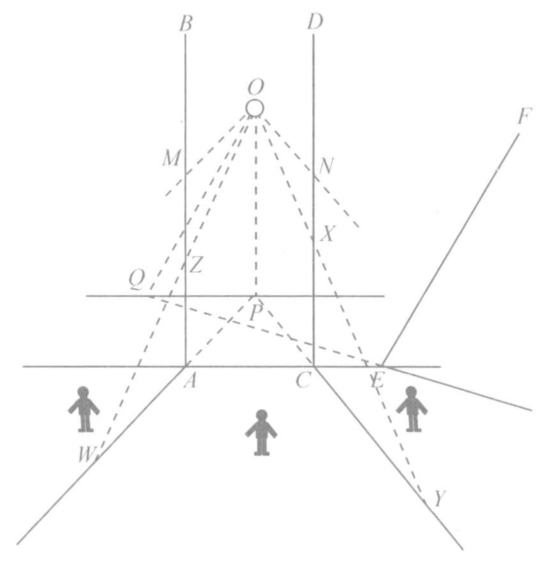

圖 3-6

事實表明，在點光源照射下，平行線的影子可以不再平行了。這種由點光源的投影形成的圖形變換，叫做射影變換。

兩根竿子 *AB*、*CD*，它們沒有公共點，無論怎樣延長，也不會相交。但它們的影子 *WA* 和 *YC*，延長之後卻相交於一點 *P*。

影子上的每一點，都是竿子上某一點的投影。圖中 *Y* 是 *X* 的投影，*W* 是 *Z* 的投影。但是，當 *AB* 上的 *M* 的高度和光源 *O* 的高度相等的時候，*OM* 平行於地平面，*M* 的影子就落不到地上了。*M* 的影子哪裏去了呢？讓 Z 在 AB 上漸漸升高，Z 越接近 M，Z 的影子 W 跑得越遠。Z 無限逼近 M 的時候，W 會遠得難以想像。所以，不妨認為，Z 到達 M 的時候，它的影子 W 就到無窮遠處了。所以，M 的影子是直線 PA 上的無窮遠點，同樣，在 CD 上取 N 使 $CN = PO$ 的時候，N 的影子是直線 PC 上的無窮遠點。

比喻永遠是蹩腳的。燈光下的影子雖然給我們以很大啟發，但並不能圓滿地解釋一切。當 Z 再升高，超過 M 的時候，Z 的影子投入茫茫太空。怎麼辦？AP 這段虛線，又是哪一段竿子的投影？

從數學家的眼光看來，所謂 W 是 Z 的影子，也就是 W 在直線 OZ 上。這樣，只要讓 Z 在整條直線上滑動，看直線與廣場平面交點軌跡如何變化！

把 OAB 平面畫出來看（圖 3-7），就清楚多了：原來當 Z 比 M 更高的時候，直線 OZ 與廣場平面的交點在 AP 的延長線上。當 Z 在 A 的下面，即 Z 鑽入地下的時候，OZ 與廣場平面的交點恰在線段 AP 上。也就是說，Z 在直線 AB 上變動的時候，W 就在直線 PA 上變動。當 Z 向「天上」升，越來越高的時候，W 從左方向 P 靠攏。當 Z 向地下鑽，越鑽越深的時候，W 從右方向 P 靠攏。這樣看，P 就是直線 AB 上的無窮遠點變過來的。同時，可以看出，直線 AB 上只有一個無窮遠點。天上地下，兩頭的無窮遠點是同一個。

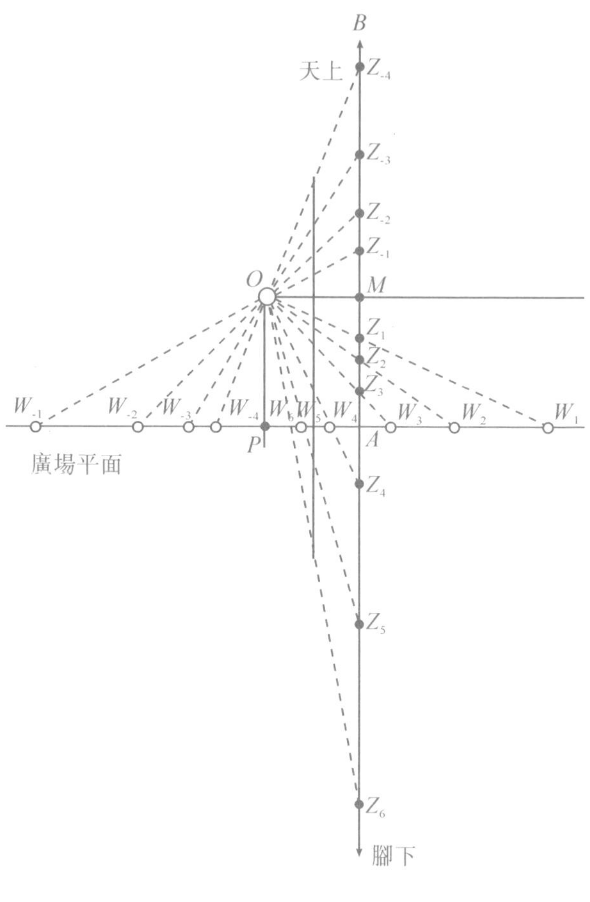

圖 3-7

如果廣場上又豎起一根斜竿 *EF*（圖 3-6），在點光源照射下，直線 *EF* 上的無窮遠點投射到甚麼地方了呢？是不是仍是 *P* 呢？不是了。過 *O* 作一條平行於 *EF* 的直線，交廣場平面於 *Q*，*Q* 才是 *EF* 上無窮遠點的投影。

讓 *EF* 繞着 *E* 在一個平面內旋轉，*Q* 就跟着變動，點 *Q* 的軌跡是一條直線。既然平面上無窮遠點的「影子」是直線，我們就説平面上所有的無窮遠點組成一條無窮遠直線。

平行光束投影——仿射變換，能讓圓上的蝴蝶棲息在橢圓上。點光源投影——射影變換，又有甚麼用呢？

在射影變換之下，直線變成直線，直線的交點還是交點。但是，線段的中點不一定變成中點。平行線也可以變成相交線。射影變換下，幾何圖形性質有了更劇烈的變化。儘管變化劇烈，還是保存了一些性質。

利用射影變換下不變的性質——三點共線，數學家可以從簡單的定理變出看來相當複雜的定理。

平面幾何裏有這麼一條定理：

巴斯卡定理　設 B 在直線 AC 上，B' 在直線 $A'C'$ 上。如果 $AB' /\!/ A'B$，$BC' /\!/ B'C$，則 $AC' /\!/ A'C$。

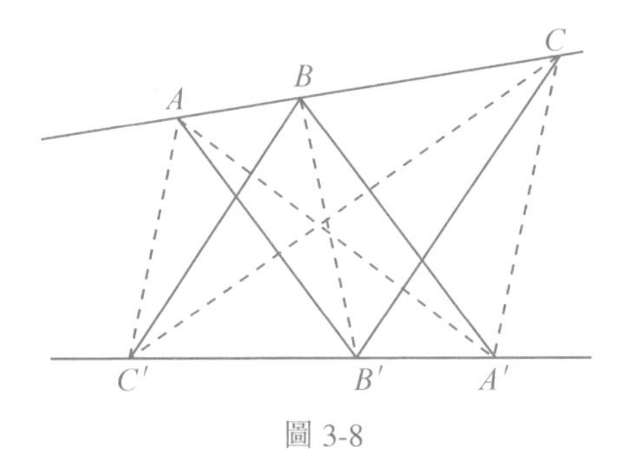

圖 3-8

用面積法容易證明這條定理（圖 3-8）：

因 $AB' /\!/ A'B$，故得

$$S_{\Delta ABA'} = S_{\Delta A'B'B}$$

類似地，由 $BC' /\!/ B'C$ 得 $S_{\Delta BCB'} = S_{\Delta B'C'C}$，於是

$$\begin{aligned} S_{\Delta AA'C} &= S_{\Delta ABA'} + S_{\Delta A'BC} \\ &= S_{\Delta A'B'B} + S_{\Delta A'BC} \\ &= S_{\Delta BCB'} + S_{\Delta B'CA'} \\ &= S_{\Delta B'C'C} + S_{\Delta B'CA'} = S_{\Delta A'C'C} \end{aligned}$$

於是得 $AC' /\!/ A'C$，定理得證。

下面的定理也就容易證明了：

定理　設 B 在直線 AC 上，B' 在直線 $A'C'$ 上。如果 AB' 與 $A'B$ 交於 P，BC' 與 $B'C$ 交於 Q，則 AC' 與 $A'C$ 的交點 R 在直線 PQ 上（圖 3-9）。

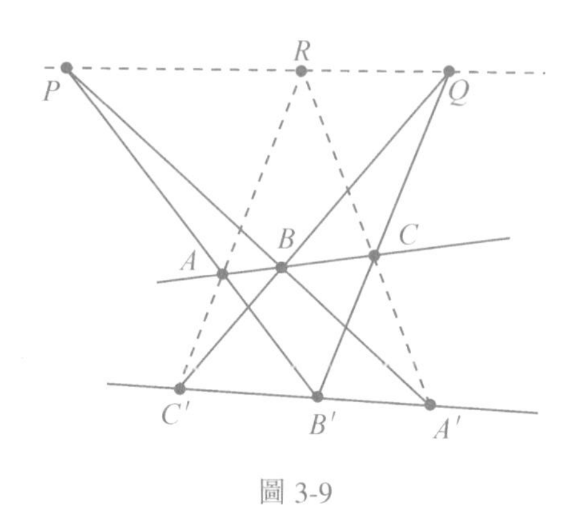

圖 3-9

表面上，這個定理和上面的巴斯卡定理很不一樣。但只要用點光源投影把直線 PQ 變成無窮遠直線，條件「AB' 與 $A'B$ 交於 P」和「BC' 與 $B'C$ 交於 Q」便成了 $AB' /\!/ A'B$ 和 $BC' /\!/ B'C$。由巴斯卡定理可知 $A'C /\!/ AC'$，即 R 是無窮遠點。既然 P、Q、R 變過去之後在同一條無窮遠直線上，這表明它們本來是在一條直線上！

用圓規畫線段

你能用圓規畫一條線段嗎？

也許你不假思索地回答：怎麼可能呢？

不錯，圓規是畫圓用的，線段是直的。圓規不能畫線段是意料之中的事。

但是，問題裏只說「用圓規」，沒說怎麼用法，這就有空子可鑽了。

一種可能的回答是：把圓規當鉛筆用，配合直尺或三角板，不是可以畫線段了嗎？

要堵住這個空子，就要說明只許用圓規，不許用直尺或類似的可以代替直尺用的東西。比如，一支圓規當鉛筆，另一支圓規放倒當直尺，都是不允許的。

另一種回答：把圓規的針腳在紙上立定，用手迅速地把有筆頭的那一支「腳」向外拉，豈不畫出一條線段了嗎？（圖 3-10）

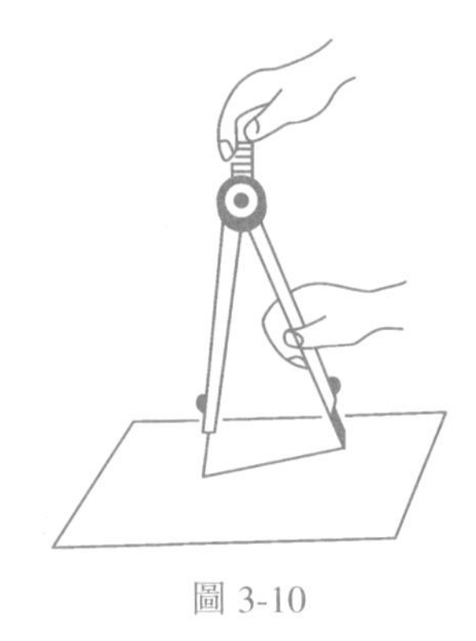

圖 3-10

這個答案不能通過。因為誰也無法保證這樣拉出來的線是真的直線段，它可能有一點肉眼看不出來的彎曲。

第三種回答：用半徑很大的圓規畫短短的一段弧，這弧就幾乎是直線段了。

確實，如果用半徑為 R 的圓規畫出一小段弧，當弧所對的弦長是 $2a$ 時，用勾股定理可以求出弧的拱高為（圖 3-11）：

$$h = R - \sqrt{R^2 - a^2} = \frac{a^2}{R + \sqrt{R^2 - a^2}}$$

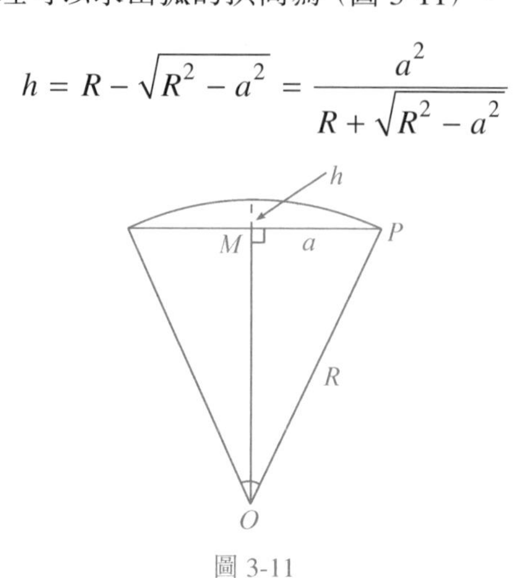

圖 3-11

比如當圓規半徑為 1 米時，畫一段弦長 1 厘米的弧，則拱高大致為

$$h = \frac{(0.5)^2}{100 + \sqrt{100^2 - 0.5^2}} \approx 0.0013 \text{（厘米）}$$

還不到 1 毫米的 1/50。肉眼看去，這段弧和線段當然沒甚麼區別了。

但是，題目要的是數學上的嚴格的線段，不是看上去的線段。大半徑的圓弧固然很接近線段，但究竟不是真的線段啊！

這麼說，這個題目還有辦法回答嗎？

不要沮喪。本來幾乎無法回答的問題，現在居然湊湊合合地給出了三個答案。雖然都不能令人滿意，但畢竟還是有收穫的。

要是繼續想，就必須把題目弄得更嚴密一些。所謂「用圓規畫一條線段」，具體含義是：圓規的針腳在畫線過程中不能動（這就否定了第一種答案），圓規的兩腳距離在畫線過程中不能變（否定了第二種答案），要畫真正的線段而不是畫近似的線段（第三種答案也被否定了）。

在這種種限制之下，圓規的筆頭活動的軌跡是甚麼呢？

限制在平面上，只能是圓。

如果擺脱了平面的限制，筆頭在空間活動，它的軌跡是球面。可是球面上有線段嗎？

想到這裏，似乎已走上絕路。但是，「山重水複疑無路，柳暗花明又一村」。新的思想往往在似乎面臨絕境的時候產生。

既然圓規的筆尖只能在球面上活動，而球面上又沒有線段，可見所要的線段不可能直接畫出來。它只能是畫好之後再變化出來的。

想到變化，思路就寬了。

圖形畫在紙上，把紙捲成圓筒，直線就成了曲線。反過來，當圓筒展開成平面的時候，圓筒上的曲線，也可能變成直線！

球面是不能展平的。但球面上的某些曲線可以放到圓筒上，而圓筒卻可以展開。

辦法有了。拿一個茶缸來，裏面放一片不大不小的圓卡片。圓規的針腳扎在卡片的中心，再在茶缸的內側壁貼上一張紙。轉動圓規，在茶缸裏進行「空間作圖」，在茶缸內側的紙上畫圓。把貼在茶缸內側的紙揭下來，看，紙上是一條規規矩矩的線段！

戲法變過，亮出奧秘，就顯得平淡無奇了。但是，再動腦筋，還能舉一反三。

線段好比是半徑無窮大的圓弧。空間作圖後展開，小小的圓規能畫出半徑無窮大的圓弧。那麼，固定半徑的圓規，能畫出半徑更小的圓弧嗎？比方説：半徑定為 10 厘米的圓規，能畫出半徑為 5 厘米的半圓嗎？

應當是可以的，因為半徑為 10 厘米的球面上，有着許多半徑不超過 10 厘米的圓。問題是怎樣把它畫到紙上。

有個辦法你不妨試試：找一個方形的木盒子或厚紙板盒子，在底部的內棱上取兩點 A、B，使 $AB = 10$ 厘米。在底上取一點 O，使 ΔOAB 是正三角形。以 O 為心，用半徑固定為 10 厘米的圓規畫圓。開始在底面上畫，畫到點 A 處（或 B 處）碰了壁，碰了壁就爬牆吧。它在牆上畫的恰好是半徑為 5 厘米的半圓（圖 3-12）。

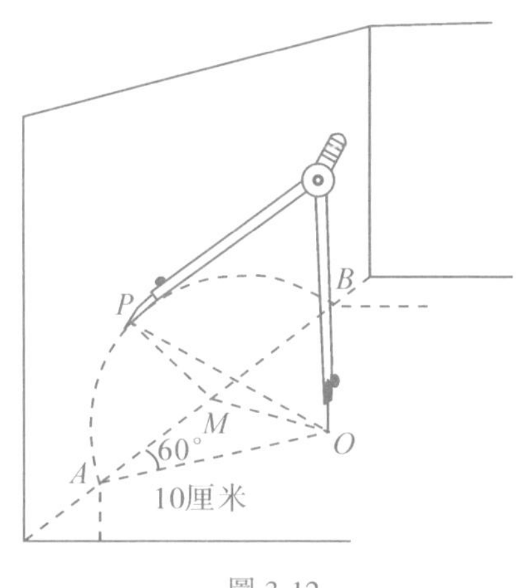

圖 3-12

道理很簡單。設 AB 的中點是 M。圓規的筆尖畫到盒子內壁上任一點 P，則空間的三角形 ΔOMP 和盒底的三角形 ΔOMA 全等。因為它們都是直角三角形，又有相等的斜邊 $OA = OP$ 和公共邊 OM。於是 $MP = MA$。這表明 $\overset{\frown}{APB}$ 是半徑為 AM 的半圓！

調整 OM 的大小，可以在盒子的側壁上畫出半徑不同的半圓。

數學需要幻想，初看起來荒謬絕倫的問題，大膽地追索下去，未必沒有實實在在的收穫。

佩多的生銹圓規

初等幾何裏，作圖的工具只許用圓規和無刻度的直尺。這種習慣性的約定始於古希臘。由於「三大作圖難題」(三等分任意角，二倍立方，化圓為方) 的廣泛流傳，種種規尺作圖問題曾使許多數學愛好者入了迷。

經過 2,000 多年的艱苦探索之後，數學家弄清了規尺作圖的可能界限。證明了所謂「三大作圖難題」實際上是 3 個「不可能用規尺完成的作圖題」。認識到有些事情確實是不可能的，這是數學思想的一大飛躍。這中間曲折有趣的過程，已經成為眾多的科普讀物中津津樂道的話題。

舊的問題解決了，數學家的眼光便轉向於新的問題。他們提出了改變作圖規則之後的作圖問題。

一個方向是放寬限制。比如：直尺上有了刻度，又能幹些甚麼？又如：設計出能畫別的曲線的儀器，能把任意角三等分的儀器，使作圖法變得更加豐富而實用。

相反的方向是加強限制。比如：幾何裏講的直尺理論上是可以任意長的，圓規的半徑也可以任意大。你可以從北京到上海連一條線段，也可以以蘭州為心，畫一條穿過南京的圓弧。可實際上，我們用的圓規直尺都很小。小圓規和短直尺能不能幹大圓規和長直尺所幹的事呢？

經過研究，答案是肯定的。長直尺和大圓規能幹的事，短直尺和小圓規也能幹。

當然，小圓規畫不出大半徑的圓弧來。不過，數學家看問題是看關鍵之點。幾何作圖的要害問題是定點。凡是用大圓規和長直尺確定的某些點，用小圓規和短直尺也能把它確定出來。這就表明小圓規和短直尺並不遜色！

更有趣的是，1797 年意大利數學家馬斯羅尼發現：只要用一把小圓規，就能完成一切由直尺圓規聯合起來所能幹的事，這個發現引起了數學家們的很大興趣。後來又知道，更早一些，丹麥人摩爾在 1697 年已發現了這回事，不過沒引起當時數學家們的注意罷了。

那麼，只用一把直尺行不行呢？數學家們很快證明了：只用一把直尺能作的圖，少得可憐。但是，只要在平面上預先畫好一個圓和它的圓心，便可以用直尺完成一切能由圓規直尺完成的任務。弄清楚這回事，是法國數學家彭色列的功勞。但彭色列在 1822 年寫的文章很多人不知道，德國數學家斯坦納在 1833 年出版的一本小書裏，重新證明了它。

限制尺規作圖的故事，似乎是到此為止了。已經限制到這種程度了，再加限制，還能幹些甚麼呢？

意料之外的事發生了，在斯坦納 1833 年的小書之後，沉寂了 150 多年的尺規作圖的舞台上，演出了精彩的一幕。

這一幕的主角是幾位中國人，揭幕人卻是一位著名的美國幾何學家、年逾七旬的老教授佩多。

佩多敏銳地看出，固定半徑的圓規的作圖問題，可能隱藏着有趣的奧秘。他把這種固定半徑的圓規形象地叫做生銹的圓規。為了方便，不妨設這種生銹圓規只能畫半徑為 1 的圓。

佩多精心選擇了兩個問題，在加拿大的一份雜誌上提出，徵求解答：

佩多問題之一：已知兩點 A、B，只用一把生銹圓規，能不能找出

一點 C，使 $AC=BC=AB$？

佩多問題之二：已知兩點 A、B，只用一把生銹圓規，能不能找出線段 AB 的中點 C？（要知道，線段 AB 是沒有畫出來的，因為沒有直尺！）

後來的事情發展表明，正是這兩個問題的解決，使生銹圓規作圖的園地繁花怒放。

佩多的一個學生無意中作出了一幅幾何圖。佩多發現，這幅無意中作出的圖解決了佩多第一個問題的一小部分：如果 $AB<2$（記住，生銹圓規半徑是 1），用生銹圓規能作出 C 使 ΔABC 是正三角形！

如圖 3-13，以 A、B 為心分別作圓交於 D、G，又以 G 為心作圓分別交⊙A、⊙B 於 E、F，再分別以 E、F 為心作圓交於 C，則 C 使 ΔABC 為正三角形！

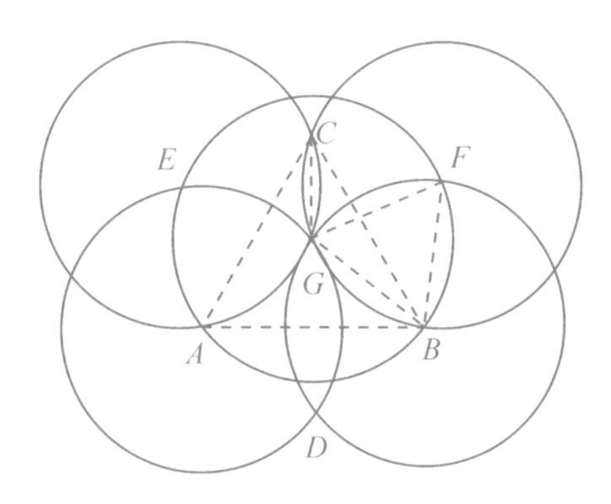

圖 3-13

證明是容易的：在⊙F上用圓周角定理，$\angle GCB=\dfrac{1}{2}\angle GFB=30^\circ$，故 $\angle ACB=60^\circ$，又因顯然有 $AC=BC$，故 ΔABC 為正三角形。

這個五圓圖使佩多激動不已。幾何學已有幾千年的歷史了，這樣簡單而有趣的作圖居然沒被人發現！

但是，當 $AB > 2$ 時，⊙A 與⊙B 不再相交了，鞭長莫及，怎麼辦呢？

佩多的第一個問題是 1979 年公開提出的，三年過去了，仍然找不到作圖的方法。正當數學家們猜測這大概是一個「不可能」的作圖問題時，三位中國數學工作者——他們都是中國科學技術大學的教師——成功地給出了正面解答，而且找到了兩種方法。

他們是怎樣解決鞭長莫及的問題的呢？

請看圖 3-14。A、B 是兩個給定的點，A 和 B 離得較遠，但中間有一個過渡點 M，AM 和 BM 就小一點。如果分別作正三角形 BME 和正三角形 AMD，再找出點 C 使 $MECD$ 是平行四邊形，那麼，ΔABC 也是正三角形！

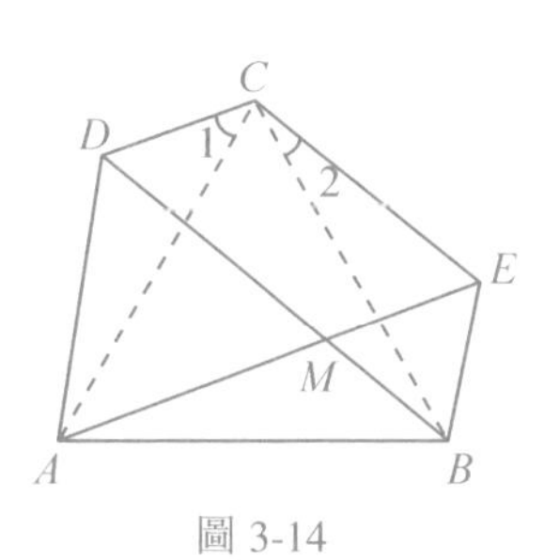

圖 3-14

道理很簡單：$BE = ME = CD$，$CE = MD = AD$，$\angle BEC = 60° + \angle MEC = 60° + \angle MDC = \angle CDA$，因而 $\Delta BEC \cong \Delta CDA$，於是 $AC = BC$。只要再算出 $\angle ACB = 60°$ 就夠了，這不難：

$$\begin{aligned}\angle ACB &= \angle DCE - (\angle 1 + \angle 2)\\ &= (180° - \angle CEM) - (180° - \angle BEC)\\ &= \angle BEC - \angle CEM = \angle BEM = 60°\end{aligned}$$

果然得到一個更大的正三角形！

在這個思路指導之下，下面的作圖法便不難理解了：以 A 為中心，向四周用生銹圓規畫出由邊長為 1 的正三角形組成「蛛網點陣」。這蛛網點陣是由一些同中心的正六邊形組成的。在點陣中找出一點 M，使 $MB < 2$。在點陣中一定可以再找到一點 D，使 ΔAMD 是正三角形（你能找到嗎？注意：M 和 D 在同一層正六邊形上）。又因為 $MB < 2$，可

以用前面的五圓作圖法作正三角形 BME，再作 C 使 $MECD$ 是平行四邊形，則 ΔABC 是正三角形，所要的 C 找到了（見圖 3-15）！

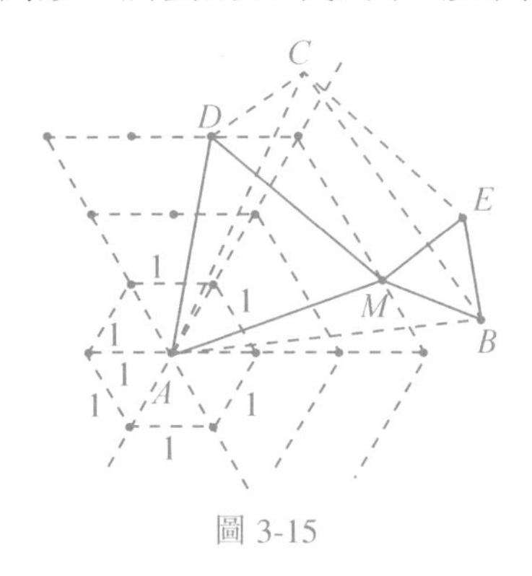

圖 3-15

但是，這裏有個問題：平行四邊形是怎麼出來的？用生銹圓規能把 C 點找出來嗎？

這是辦得到的，把 M 和 D 用長為 1 的一些線段連起來，M 和 E 也用長為 1 的線段連起來（當然，線段實際上畫不出來，只能作出端點）。按圖示所標號碼順序，用許多邊長為 1 的小菱形湊起來，就可以找到 C 點了（圖 3-16）。

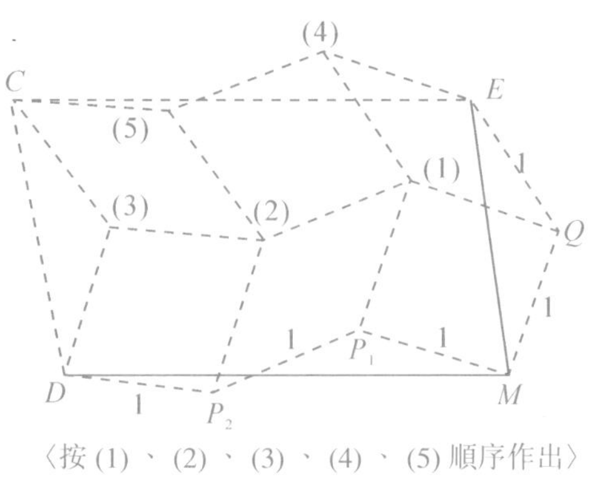

〈按 (1)、(2)、(3)、(4)、(5) 順序作出〉

圖 3-16

作圖順序：由 Q 與 P_1 作 (1)，由 (1) 與 P_2 作 (2)，由 (2) 與 D 作 (3)，由 E 與 (1) 作 (4)，(4) 與 (2) 作 (5)，(5) 與 (3) 作 C。

這種用生銹圓規找出平行四邊形的第四個頂點的方法，在解決佩多第二個問題時還十分有用呢！

自學青年的貢獻

佩多教授得知中國同行解決了他的第一個生銹圓規作圖問題之後，非常高興。他在一篇短文中說，這是他最愉快的數學經驗之一。

他希望他的第二個問題也能被解決。

中國的一位自學青年，沒有考上大學的高中畢業生，花了一年的時間鑽研這個問題。出人意料的是，這個使不少數學專家感到無從下手的問題，被他征服了。

他用代數方法證明：從已知兩點 A、B 出發來作圖，生銹圓規的本領和圓規直尺的本領是一樣的！這個結果遠遠超出了佩多教授的期望，使許多數學家感到驚訝！

利用他的思想，可以設計一個解決佩多第二問題的作圖法。

佩多的第二問題是：已知 A、B 兩點，只用一把生銹的圓規（它只能畫半徑為 1 的圓），找到線段 AB 的中點。要知道，線段 AB 是沒有畫出來的！

吸取了解決佩多的第一個問題的經驗，我們把整個問題分解成幾個部分：

(1) 尋找一個較小的長度 d，當 $AB = d$ 時，可以用生銹圓規找出 AB 的中點。

(2) 當 $AB < 2d$ 時，作一個以 AB 為底，腰長為 d 的等腰三角形。兩腰的中點找到了，利用作平行四邊形的方法，底邊的中點也可以找到，這就解決了 AB 很小時找中點的問題。

(3) 若 AB 離得遠，就用蛛網點陣把它們聯繫起來，加以解決。

關鍵是找這個適當的長度 d。現在，這個 d 被找到了。它可以是 $\frac{1}{\sqrt{17}}$、$\frac{1}{\sqrt{19}}$、$\frac{1}{\sqrt{51}}$、$\frac{1}{\sqrt{271}}$。其中 $\frac{1}{\sqrt{19}}$ 引出的作圖步驟比較簡單。以下分幾步敘述：

[作圖法 1]　若 A、B 兩點距離等於 $\frac{1}{\sqrt{19}}$，用生銹圓規可以找出 AB 的中點。方法是：

1. 利用反覆作正三角形頂點的方法，作直線 AB 上的點 B'、C、C'，使 $B'C' = B'A = AB = BC$（圖 3-17）。

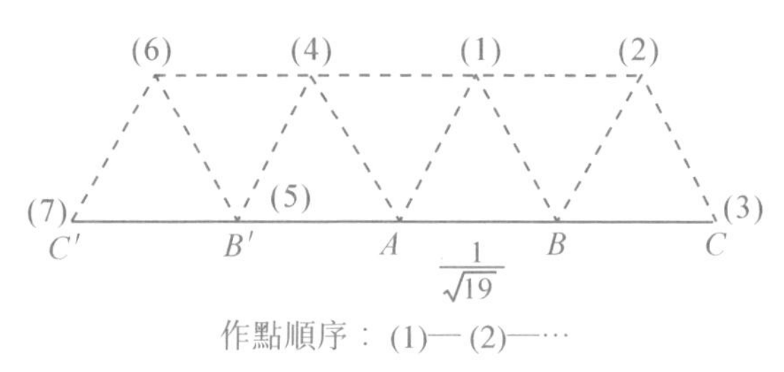

作點順序：(1)—(2)—⋯

圖 3-17

2. 分別以 C、C' 為圓心作半徑為 1 的圓交於 D、D'，則 DD' 垂直平分 CC'。用勾股定理算出 $DA = D'A = \sqrt{\frac{15}{19}}$，$BD = \frac{4}{\sqrt{19}}$（圖 3-18）。

3. 利用作正三角形頂點的方法，找出 BD 延長線上另一點 B^*，使 $B^*D = BD$。然後，分別以 B、B^* 為心作半徑為 1 的圓交於 E，則有 $ED \perp DB$，$ED = \sqrt{\frac{3}{19}}$（圖 3-19）。

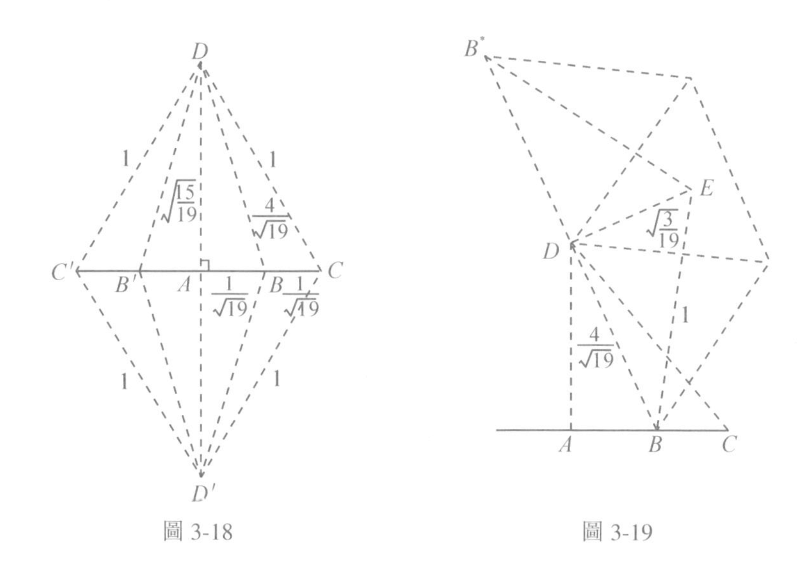

圖 3-18　　　　圖 3-19

4. 利用作正三角形頂點的方法，作出 ED 延長線上一點 E^*，使 $E^*D = ED$。再作 G，使 ΔEE^*G 為正三角形，G 一定落在直線 BD 上。不妨設 G 在線段 BD 上，則 $DG = \sqrt{3}DE = \dfrac{3}{\sqrt{19}}$，$BG = \dfrac{1}{\sqrt{19}}$（圖 3-20）。

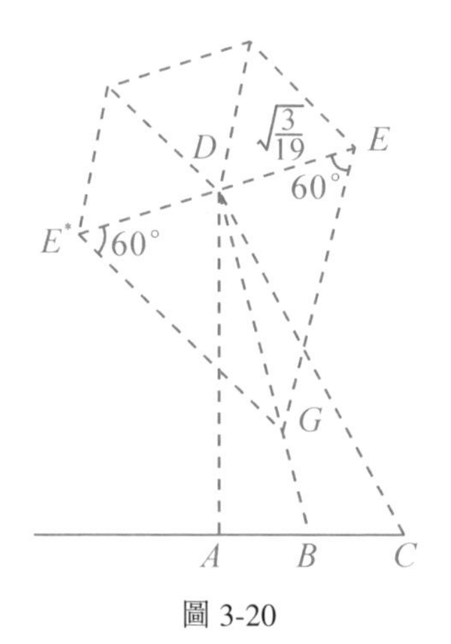

圖 3-20

5. 同樣在 BD' 上作出 G'，使 $BG' = BG = \frac{1}{\sqrt{19}}$，再作點 M，使 $GBG'M$ 是平行四邊形，則 M 在 AB 上。

因 $\Delta B'DB \sim \Delta MGB$，故

$$\frac{MB}{B'B} = \frac{GB}{DB} = \frac{1/\sqrt{19}}{4/\sqrt{19}} = \frac{1}{4}$$

$$MB = \frac{1}{4}B'B = \frac{1}{2}AB$$

於是找到了 AB 中點（圖 3-21）。

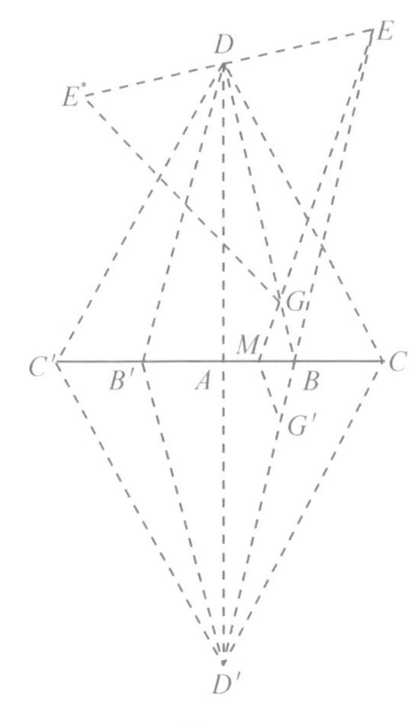

圖 3-21

圖中，$AB = BC = AB' = B'C' = \frac{1}{\sqrt{19}}$，$CD = C'D = CD' = C'D' = 1$，$BE = 1$，$AD = \sqrt{\frac{15}{19}}$，$BD = \frac{4}{\sqrt{19}}$，$DE = \sqrt{\frac{3}{19}}$，$DG = \sqrt{3}DE = \frac{3}{\sqrt{19}}$，$BG = \frac{1}{\sqrt{19}}$。

[作圖法 2]　若$AB < \dfrac{2}{\sqrt{19}}$，則可以用生銹圓規找出一點 C，使得 $AC = BC = \dfrac{1}{\sqrt{19}}$ 。

方法是：

1. 以 AB 為基點，反覆作正三角形的頂點，構成圖示的五層小寶塔，寶塔頂點 C^* 與 A、B 在一起形成一個等腰三角形。利用勾股定理可以算出（圖 3-22）：

$$AC^* = BC^* = \sqrt{19}AB$$

2. 作出了 ΔABC^* 之後，分別以 A、B、C^* 為心，用生銹圓規作圓，$\odot A$ 與 $\odot C^*$ 在左側交於 Q，$\odot B$ 與 $\odot C^*$ 在右側交於 P。再以 P、Q 為心作 $\odot P$ 與 $\odot Q$，交於和 C^* 不同的一點 C(圖 3-23）。

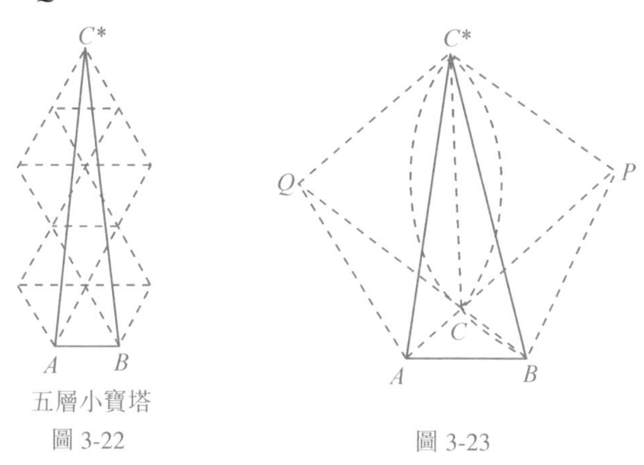

五層小寶塔
圖 3-22

圖 3-23

這時，由圓周角定理可知 $\angle BPC = 2\angle BC^*C = \angle BC^*A$，所以我們有

$$\Delta AC^*B \sim \Delta CPB$$

於是

$$\frac{BC}{BP} = \frac{AB}{AC^*}$$

由圖 3-22 中 C^* 之作法知 $AC^* = \sqrt{19}AB$，又因 $BP = 1$，便得

$$BC = AC = \frac{1}{\sqrt{19}}$$

這一步作圖任務便完成了。

[作圖法 3]　若 $AB < \frac{2}{\sqrt{19}}$，則可以用生銹圓規找出 AB 的中點。方法是：

按作圖法 2（圖 3-23），找出 C 點使 $AC = BC = \frac{1}{\sqrt{19}}$。再按作圖法 1（圖 3-21），找出 AC 中點 D 和 BC 中點 E。作 M 使 $DCEM$ 成平行四邊形，則 M 一定是 AB 的中點（圖 3-24）。

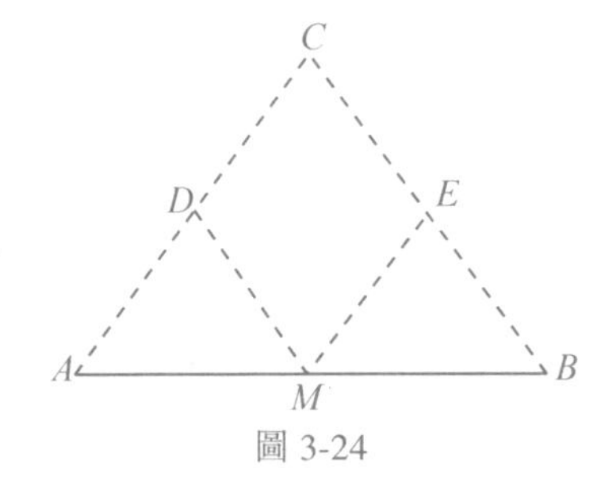

圖 3-24

現在，我們可以把以上方法綜合使用，完完全全地解決用生銹圓規找 AB 的中點的問題了。

當 A 與 B 的距離 $AB < \frac{2}{\sqrt{19}}$ 時，問題已經解決了。如果 A、B 離得很遠，我們就用解佩多第一問題時用過的老辦法，畫一張蛛網點陣把 A、B 聯繫起來。

在點 A 附近取一點 D 使 $AD \leq \frac{1}{\sqrt{19}}$，再作點 E 使 ΔADE 是正三角形。接着像地板鋪磚一樣用全等於 ΔADE 的小三角形向 A 點的周圍擴張，構成蛛網點陣。每兩個小三角形湊成一個斜方格——菱形，點陣中的點可以看成斜方格的格子點。把這些格子點染成黑白兩色。染色規則是：

(i) 點 A 是黑點。

(ii) 黑點沿直線走一步是白點，走兩步就仍是黑點。

這樣，如果 P 是黑點，線段 PA 的中點就是點陣中的某個點（黑點或白點）。由於每個方格邊上都有一個黑點，所以可以找到一個黑點 P，使 $PB < \frac{2}{\sqrt{19}}$（注意：方格的邊長不超過 $\frac{1}{\sqrt{19}}$）。於是可用作圖法 3 找出 PB 中點 Q，而 AP 中點 R 是點陣中的點。作 M 使 $QPRM$ 為平行四邊形，則 M 是 AB 中點（圖 3-25）。佩多的第二個問題徹底解決了。

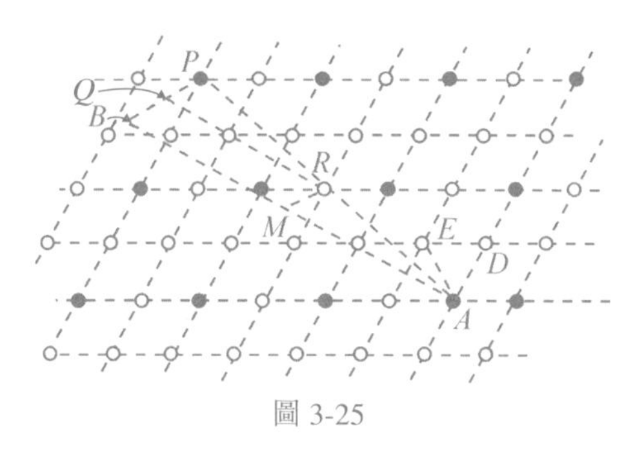

圖 3-25

作圖過程中，反覆用到了「已知兩點，找出第三點，使三個點成為正三角形頂點」這個作圖法。這恰恰是佩多提出的第一個問題。老教授的目光確實敏鋭。

中國數學工作者發現的「已知三點，找出第四點，使四點構成平行四邊形」作圖方法，在生銹圓規的作圖中，也起了基本的作用。

從「生銹圓規找中點」的作圖過程，我們看見一個事實：一個數學難題的解決，並不靠一兩手絕招；巧妙而曲折的步驟的產生，靠的是步步為營的縝密安排，先把難題分解為幾部分，再各個擊破！

首先想到的是用蛛網點陣把 AB 聯繫起來，其後，問題便集中在 AB 較小時如何找中點上。

下一步是以 AB 為底作出某種等腰三角形。兩腰的中點找到了，底 AB 的中點也找到了。

等腰三角形的腰長 d 應當是多少，才能既便於找中點又便於作等腰三角形？這是一塊硬骨頭。數學工作者找到 $\frac{1}{\sqrt{19}}$，確實是經過幾個不眠之夜、頑強探索的結果。

完成這麼一個難以下手的作圖設計，眼光既要看到全域，做出戰略階段的劃分，又要細緻地分析每個細節，實現戰術任務。這一仗打下來，在尺規作圖這一古老課題的研究記錄上，寫下了中國人的一頁！

一把生銹圓規還能幹甚麼？幹的事可真不少。從 A、B 兩點出發，用它可以作以 AB 為一邊的正方形頂點、正五邊形頂點、正八邊形頂點、正十七邊形頂點，用它可以找出 AB 的三等分點、五等分點、任意等分點。總之，圓規直尺能幹的，它都能幹。

不過，如果出發點是三個點，它的效果就不一定比得上圓規直尺了。這時，它究竟能幹甚麼，不能幹甚麼，還屬於未知的領域，在等待你去探索。

第四章

青出於藍

圈子裏的螞蟻

好多年以前，我還是小孩的時候，曾經和小螞蟻開過這樣的玩笑：用樟腦球在地上畫個圈，圈住一隻螞蟻。可憐的小螞蟻，爬來爬去，再也不敢爬出這個圈子了。

這個圈，是三角形的也好，正方形的也好，不規則的鴨蛋形也好，對小螞蟻來說都是一樣的——反正爬不出去。

在我們看來很不相同的三角形與圓，此時此刻，對於螞蟻卻沒有甚麼區別了。螞蟻感興趣的是：這個圈有沒有一個缺口？

有一門數學，叫拓撲學。數學家在研究拓撲學的問題的時候，和小螞蟻有點同感。這時，他們也覺得，三角形的圈、圓形的圈、矩形的圈，沒有甚麼分別，反正是個圈。

是不是拓撲學家的眼光就和螞蟻的眼光完全一樣呢？也不盡然。如果圈子很大，能圈進半個地球，或圈子極小，小得放不進一粒細沙，螞蟻就無所畏懼了。這就是說，圈子的大小，在螞蟻看來是不同的；但對於拓撲學家，圈子的大小是真正無所謂的，小得像原子，大得像太陽系，都一樣，反正是個圈子。

在彈性很好的橡膠膜上畫個圖形，你把橡膠膜壓縮、扯大或揉成一團的時候，圖形會變得稀奇古怪。三角形也許會變成六邊形，圓圈也許會變成一隻小鴨。但只要不把橡膠膜扯破，不把某兩部分黏合在一起，在拓撲學家看來，這個圖形就等於沒有變。

從拓撲學的觀點來看，皮球和橡膠做的空心洋娃娃沒有甚麼分別，但皮球和汽車輪胎卻完全不同。的確，螞蟻放在皮球裏爬不出來，放在輪胎裏也爬不出來，但拓撲學家卻有更巧妙的手段來查清皮球與汽車輪胎之間的不同。如果輪胎裏有兩隻螞蟻，可以用一塊圓環形隔板把它們隔開，在皮球裏，圓環形的隔板是不可能把兩隻螞蟻隔開的！

拓撲學家把我們眼裏很多不同的圖形看成是相同的，然後把他們眼裏相同的圖形歸為一類。分類的結果，平面上的封閉曲線，如果不帶端點，不帶分岔點，就只有一種：圈。

空間的封閉曲面，如果不帶邊緣（圓筒、碗都有邊緣，球、輪胎都沒有邊緣），不帶分岔點，最簡單的是球面。

球面上挖兩個洞，鑲嵌上一截管子（叫環柄），在拓撲學家眼裏，便和輪胎沒有分別了。再挖兩個洞，又可以加一個環柄。一個球上可以鑲上任意多個環柄。這樣，現實空間裏所有不帶邊的面、不帶分岔點的曲面，便都在其中了。

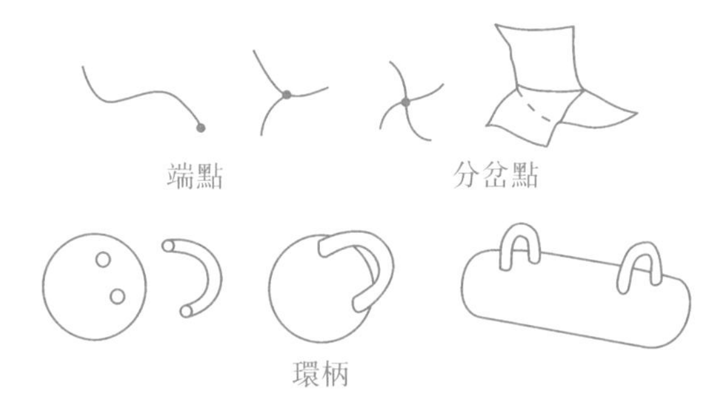

似乎在拓撲學家眼裏，世界要簡單一些。但拓撲學的問題卻並不簡單，有不少難題尚待解決。現代數學的許多分支，都要用到拓撲學的基本概念與成果。

最後，再回到螞蟻爬不出的圈子裏來。這樣的一個圈，是一條連續的、封閉的、自己和自己不相交的曲線，叫做簡單閉曲線，也叫「若當閉曲線」。若當是 19 世紀法國數學家的名字。

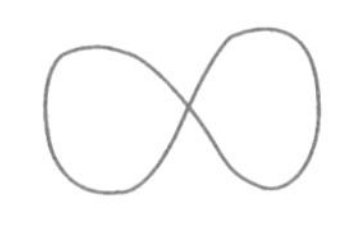

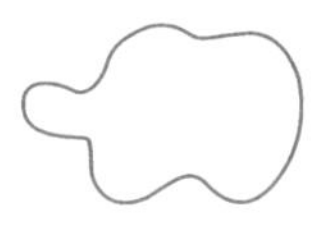

封閉—首尾銜接　　自相交　　不自交

一個這樣的圈子把平面分成兩部分——有限的內部和無限的外部。螞蟻在內部可以從一點爬到另外任何一點而不碰到圈子，在外部也可以。但要從外部到內部，或從內部到外部，就一定得經過圈子。這個事實，叫「若當定理」。

這麼簡單的事誰不知道，還配稱為定理嗎？我們這麼想，若當以前的數學家也這麼想。若當卻不這麼想。他敏銳地看出，這個問題可並不簡單。因為，甚麼叫連續，甚麼叫封閉，甚麼叫內，甚麼叫外，都應當用數學語言精確地加以定義，再根據定義來證明：螞蟻要爬出去必須經過圈子。這可就難了。

若當這麼一指出，別的數學家也恍然大悟。若當嚴格地定義了這些概念，寫了一篇很長的文章，證明了這條定理。

你看，我們眼裏千變萬化的圖形，數學家可以認為是同樣的圈——在數學家眼裏，複雜的東西變得簡單了。

反過來，數學家若當又從簡簡單單的一個圈裏提出了難題。從簡單的現象背後，揭示出深刻的道理。

三角形裏一個點

一天，幾何學家佩多教授，接到了某位經濟學家打來的電話。這位經濟學家向他請教：如果正三角形內有一個點 P，那麼，不管 P 的位置在三角形內如何變動，P 到三邊距離之和是否總是不變的呢？

他要弄清楚這個問題，因為在他的經濟理論中要用到這個事實。

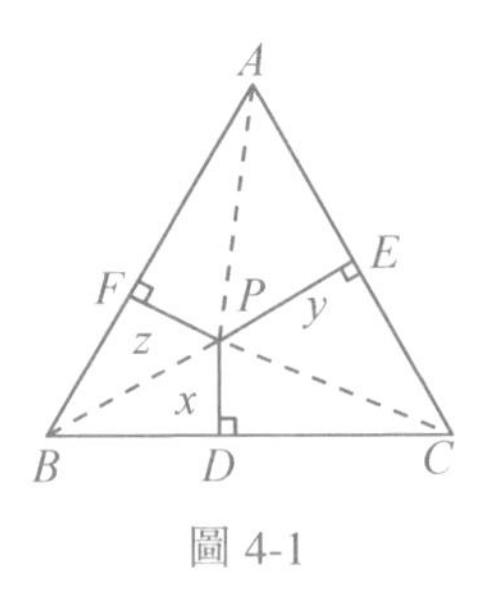

圖 4-1

佩多馬上給了讓他滿意的答覆。如圖 4-1，把 ΔABC 分成 ΔPAB、ΔPBC、ΔPCA，當然得到

$$S_{\Delta ABC}=S_{\Delta PBC}+S_{\Delta PAC}+S_{\Delta PAB}$$

用 x、y、z 分別記 P 到 ΔABC 三邊的距離，由於 ΔABC 三條邊相等，設都是 a，則 $S_{\Delta PBC}=\frac{1}{2}ax$，$S_{\Delta PAC}=\frac{1}{2}ay$，$S_{\Delta PAB}=\frac{1}{2}az$，這麼一整理，便得

$$x+y+z=\frac{2S_{\Delta ABC}}{a} \tag{1}$$

上式右端恰好是 ΔABC 的高！

其實，那位經濟學家大可不必為此去麻煩佩多教授，一個初中二年級的學生就能給他滿意的答覆，因為這個題目常常被選為平面幾何的習題！不過，它當初是數學家維維安尼的一條定理呢！

但是，這個小小的習題，卻啟發我們：從平凡的事實出發，有時能得到並不平凡的結論。

不是嗎？把 ΔABC 一分三塊，三塊加起來等於原來的那個三角形，這太平凡了。但正是這一平凡的事實和另一個平凡的公式「三角形面積等於底乘高之半」一結合，便得出一個有趣的結論。

數學家的眼光，常常能看出平凡事實背後不平凡的東西。

就在三角形內隨便放一個點，這裏就有不少文章可做。例如，在圖 4-2 中，當然有

$$S_{\Delta PBC} + S_{\Delta PAC} + S_{\Delta PAB} = S_{\Delta ABC}$$

即

$$\frac{S_{\Delta PBC}}{S_{\Delta ABC}} + \frac{S_{\Delta PAC}}{S_{\Delta ABC}} + \frac{S_{\Delta PAB}}{S_{\Delta ABC}} = 1 \tag{2}$$

這仍然是平凡的，但如果你注意到：

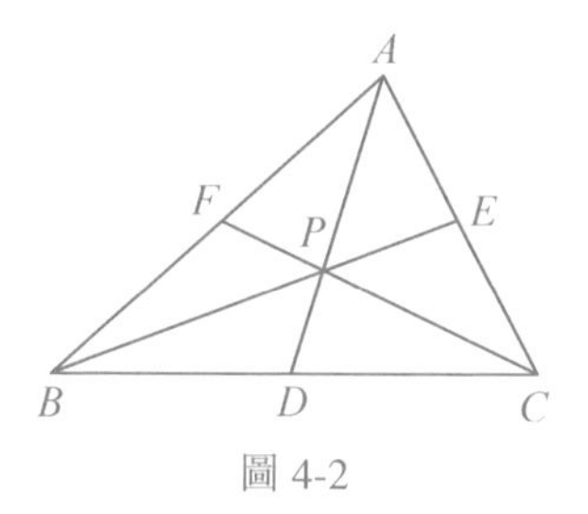

圖 4-2

$$\frac{S_{\Delta PBC}}{S_{\Delta ABC}} = \frac{PD}{AD}, \frac{S_{\Delta PAC}}{S_{\Delta ABC}} = \frac{PE}{BE}$$

$$\frac{S_{\Delta PAB}}{S_{\Delta ABC}} = \frac{PF}{CF} \tag{3}$$

把 (3) 代入 (2) 之後，得到

$$\frac{PD}{AD} + \frac{PE}{BE} + \frac{PF}{CF} = 1 \tag{4}$$

這就是一個不平凡的等式了。如果沒想到它的來源 (2)，簡直是一道難題！

但是，等式 (3) 是不是能歸結為平凡的事實呢？確實能夠。在小學裏你已知道：同高三角形面積比等於底之比，因而

$$\frac{S_{\Delta PDC}}{S_{\Delta ADC}} = \frac{S_{\Delta PDB}}{S_{\Delta ADB}} = \frac{PD}{AD} \tag{5}$$

用一下合比定律，就是 $\frac{S_{\Delta PDC} + S_{\Delta PDB}}{S_{\Delta ADC} + S_{\Delta ADB}} = \frac{PD}{AD}$ 了。

再看圖 4-2，如果不是考慮 3 個三角形的和，而是考慮乘積，就有一個平凡的等式：

$$\frac{S_{\Delta PAC}}{S_{\Delta PAB}} \cdot \frac{S_{\Delta PAB}}{S_{\Delta PBC}} \cdot \frac{S_{\Delta PBC}}{S_{\Delta PAC}} = 1 \tag{6}$$

這個等式和 (2) 有共同之處，右端都是 1。但是 (6) 更平凡。在 (2) 當中，還有一點幾何意義——把 ΔABC 分成三塊。在 (6) 當中，連這點幾何意義也沒有了：簡簡單單的就是分子分母一樣，約掉之後是 1！

可是不要約它，一約就甚麼也得不到了。利用

$$\frac{S_{\Delta PAC}}{S_{\Delta PAB}} = \frac{DC}{DB}, \frac{S_{\Delta PAB}}{S_{\Delta PBC}} = \frac{EA}{EC}$$
$$\frac{S_{\Delta PBC}}{S_{\Delta PAC}} = \frac{FB}{FA} \tag{7}$$

（從 $\frac{S_{\Delta ADC}}{S_{\Delta ADB}} = \frac{S_{\Delta PDC}}{S_{\Delta PDB}} = \frac{DC}{DB}$，用分比定律就得 $\frac{S_{\Delta PAC}}{S_{\Delta PAB}} = \frac{DC}{DB}$）

代入 (6)，便是

$$\frac{DC}{DB} \cdot \frac{EA}{EC} \cdot \frac{FB}{FA} = 1 \tag{8}$$

也就是說：在 ΔABC 內任取一點 P，分別連 AP、BP、CP 交對邊於 D、E、F，則分三邊所成的 6 條線段滿足等式 (8)。

反過來，可以證明：對 BC、CA、AB 邊上的三點 D、E、F，如果 (8) 成立，則 AD、BE、CF 交於一點。

一正一反放在一起，這叫做塞瓦定理。而它之所以得證，其根源竟是平凡的等式 (6)。

圍繞着這三角形內的一個點做文章，出現過好幾個數學競賽題呢！

「設 P 是 ΔABC 內任一點，連 AP、BP、CP 分別交對邊於 D、E、F，則三個比值 $\frac{PA}{PD}$、$\frac{PB}{PE}$、$\frac{PC}{PF}$ 中，必有不小於 2 者，也必有不大於 2 者。」

這是一道匈牙利數學競賽題。說穿了很簡單：既然已有了 (4) 式，則 $\frac{PD}{AD}$、$\frac{PE}{BE}$、$\frac{PF}{CF}$ 當中，總有不大於 $\frac{1}{3}$ 的，也有不小於 $\frac{1}{3}$ 的（如果都大於 $\frac{1}{3}$，加起來就比 1 大；如果都小於 $\frac{1}{3}$，加起來又比 1 小了）。如果 $\frac{PD}{AD} \le \frac{1}{3}$，則 $PD \le \frac{1}{3}AD$，則 $PA \ge \frac{2}{3}AD$，於是 $PA \ge 2PD$。反過來，若 $\frac{PD}{AD} \ge \frac{1}{3}$，則 $PA \le 2PD$。這就解決了。

題目變個樣子：

「ΔABC 內任一點 P，它到周界的最近一點的距離不超過它到最遠一點距離的一半。」

這是中國內地的一道數學競賽題。

事實上，P 到邊界上最近一點距離 $d \le PD$，最遠一點距離 $d^* \ge PA$，如果 $PA \ge 2PD$，當然一定有 $d^* \ge 2d$ 了。

「如果 G 是 ΔABC 的三條中線的交點——重心。任作過 G 直線，交兩條邊於 M、N。求證：必有 $GN \leq 2GM$。」(圖 4-3)

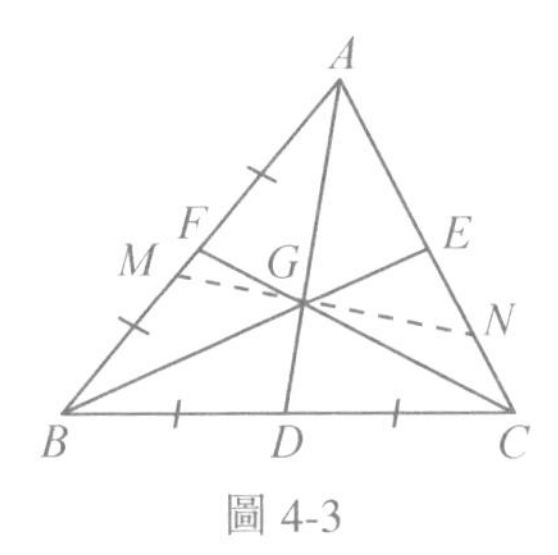

圖 4-3

這是中國內地某省的一道數學競賽題。

這個題目說穿了更簡單。還是用小學生都知道的「等高三角形面積比等於底之比」來攻破它。因為 ΔAMG 和 ΔANG 同高，故

$$\frac{GN}{GM} = \frac{S_{\Delta ANG}}{S_{\Delta AMG}} \tag{9}$$

但是 $S_{\Delta ANG} \leq S_{\Delta AGC}$，$S_{\Delta AMG} \geq S_{\Delta AGF}$。

所以

$$\frac{GN}{GM} \leq \frac{S_{\Delta AGC}}{S_{\Delta AGF}} = 2 \tag{9}$$

這就證出來了。

最後這一步，用到 $S_{\Delta AGC} = 2S_{\Delta AGF}$，怎麼回事呢？原來，因為 $BD = DC$，所以 $S_{\Delta AGB} = S_{\Delta AGC}$。又因為 $FA = FB$，又得 $S_{\Delta AGF} = S_{\Delta BGF}$，所以 $S_{\Delta AGF} = \frac{1}{2}S_{\Delta AGC}$。

如果不這樣分析，乾脆用重心性質，得 $GF = \frac{1}{2}GC$，可就不那麼平凡了。

上面這個題目着眼於 P 所分的兩線段之比，有的數學家想到了面積比，出了這麼個競賽題：

「過 ΔABC 重心 G 作一直線把 ΔABC 分成兩塊。較小的一塊，其面積不小於 ΔABC 面積的 $\frac{4}{9}$。」

如圖 4-4，過重心 G 作直線分別交 AB、AC 於 P、Q。如果 $PQ // BC$，也就是說 P、Q 分別在 M、N 處，則 $S_{\Delta AMN}$ 恰好是 $\frac{4}{9}S_{\Delta ABC}$。這是因為 $GD=\frac{1}{3}AD$，所以 $BM=\frac{1}{3}AB$，$CN=\frac{1}{3}AC$ 之故。

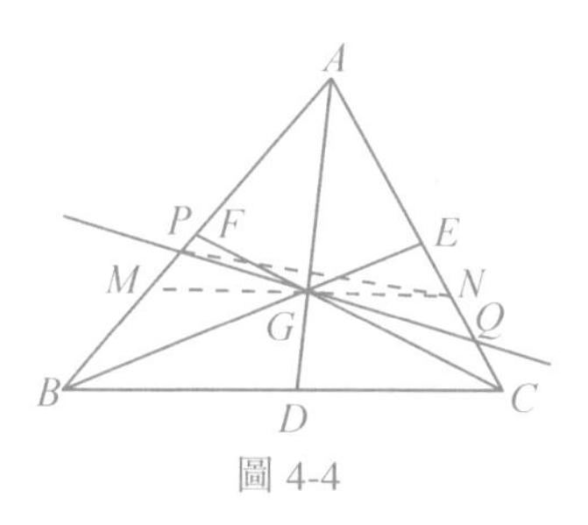

圖 4-4

那麼，當直線離開 MN 繞 G 轉動，在 Q 向 C 靠（P 向 F 靠）的過程中，$S_{\Delta APQ}$ 是不是在變大且趨於 $\frac{1}{2}S_{\Delta ABC}$ 呢？如果是，也就證出來了。

為此，應當證明 $S_{\Delta GNQ} \geq S_{\Delta GMP}$。因為 G 是 MN 中點，所以 $S_{\Delta GMP}=S_{\Delta GNP}$，但是，由 $S_{\Delta APG} \leq S_{\Delta AQG}$，得 $PG \leq QG$，從而 $S_{\Delta GNP} \leq S_{\Delta GNQ}$，即 $S_{\Delta GMP} \leq S_{\Delta GNQ}$。

這個題，歸根結底主要仍是用小學裏已知道的「同高三角形面積比等於底之比」！

這些數學競賽題當然是出給中學生做的。也許你不曾想到，三角形內的這個點也是數學家發現某些有名結果的源泉呢。

17 世紀的法國數學家費馬，提出過這麼一個問題：已知平面上有 D、E、F 三點，尋求一點 P，使 $(PD+PE+PF)$ 最小。

形象地說：D、E、F 是一片平原上的 3 個村莊。要蓋一所小學校於 P 點，使 3 個村莊的孩子們上學走的這 3 條路總長最短，這個學校 P 應當蓋在甚麼地方？

本節一開始的圖 4-1，可以簡單地回答這個問題。事實上，在圖 4-1 中，如果 D、E、F 恰巧是某個正三角形三邊上的點，當 PD、PE、PF 分別與正三角形三邊垂直時，P 就是學校應當選取的位置。

不信，另選一點 Q 比比看。$(QD+QE+QF)$ 當然要比 Q 到 ΔABC 三邊距離之和要大，因為斜線比垂線長！又 Q 到這三邊距離和與 P 到這三邊距離和是一樣的（如果 Q 在 ΔABC 外，Q 到三邊距離之和會更大），所以也就推出

$$QD+QE+QF>PD+PE+PF$$

這就表明 P 到 D、E、F 距離之和比任意另一點到這三點的距離都小！

剩下的問題是如何確定點 P。分析圖 4-1，因為 $\angle A$、$\angle B$、$\angle C$ 是 60°，可以算出 $\angle DPE$、$\angle EPF$、$\angle FPD$ 都是 120°，這提供了尋找 P 點的線索。如圖 4-5，在 EF 邊和 DE 邊上向外作正三角形 ΔDES 和 ΔEFR。再作這兩個正三角形的外接圓交於不同於 E 的點 P。因為 $\angle DPE$ 與 $\angle S$ 互補，所以 $\angle DPE=120°$。同理 $\angle EPF=120°$，當然 $\angle DPF$ 也是 120° 了。過 D、E、F 分別作 PD、PE、PF 的垂線，三條線自然圍成正三角形。

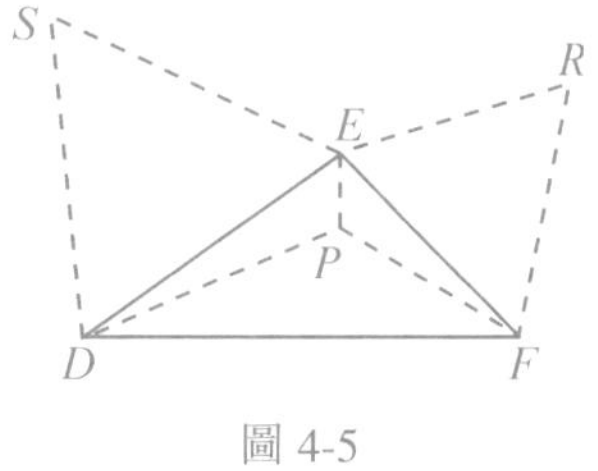

這樣，費馬的問題就被解決了，這是卡瓦利列首先發現的方法。

圖 4-5

要補充一句的是：如果 $\angle DEF \geq 120°$，兩圓的交點不會落在 ΔDEF 之內。這時，P 應當取在 E 點。這裏就不證明了。

作為這一節的結束，我們介紹一個 20 世紀的數學家發現的定理——厄爾多斯—蒙代爾不等式。

厄爾多斯是當代卓越的數學家。他興趣廣泛，成果豐碩，發表過上千篇數學論文，而且特別善於提出問題和猜想。1935 年，他提出下面的猜想：

設 P 為 ΔABC 內部或邊上一點，P 到三邊的距離分別為 x、y、z，則

$$PA + PB + PC \geq 2(x + y + z) \tag{11}$$

兩年之後，數學家蒙代爾證明了這個猜想，大家便把 (11) 叫做「厄爾多斯—蒙代爾不等式」。

下面的證法，基於平凡的事實，比蒙代爾當初的證法要簡單。

如圖 4-6，過 P 作直線分別交 AC、AB 於 B'、C'，並且使 $\angle AB'C' = \angle ABC$。於是

$$\Delta AB'C' \sim \Delta ABC$$

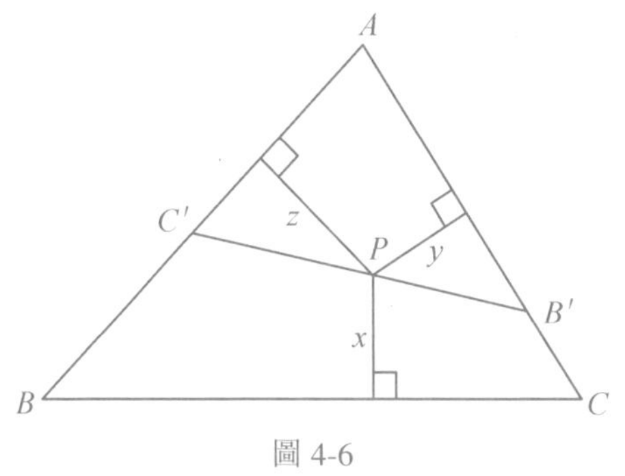

圖 4-6

用 a、b、c 和 a'、b'、c' 分別記 ΔABC 和 $\Delta A'B'C'$ 的三邊之長。則

$$\frac{a'}{a}=\frac{b'}{b}=\frac{c'}{c}=k>0 \tag{12}$$

因為 $S_{\Delta PAC'}+S_{\Delta PAB'}=S_{\Delta AB'C'}$，故

$$\frac{1}{2}z\cdot AC'+\frac{1}{2}y\cdot AB'=S_{\Delta AB'C'}\leq\frac{1}{2}AP\cdot B'C' \tag{13}$$

即 $zb'+yc'\leq AP\cdot a'$，從而 $zb+yc\leq AP\cdot a$，也就是

$$z\cdot\frac{b}{a}+y\cdot\frac{c}{a}\leq PA \tag{14}$$

同理

$$y\cdot\frac{a}{c}+x\cdot\frac{b}{c}\leq PC \tag{15}$$

$$x\cdot\frac{c}{b}+z\cdot\frac{a}{b}\leq PB \tag{16}$$

把（14）、（15）、（16）三式加起來，整理一下

$$x\left(\frac{c}{b}+\frac{b}{c}\right)+y\left(\frac{a}{c}+\frac{c}{a}\right)+z\left(\frac{a}{b}+\frac{b}{a}\right)\leq PA+PB+PC \tag{17}$$

因為 $\frac{c}{b}+\frac{b}{c}\geq 2$，$\frac{a}{c}+\frac{c}{a}\geq 2$，$\frac{a}{b}+\frac{b}{a}\geq 2$，所以（17）式左端大於等於 $2(x+y+z)$，於是

$$2(x+y+z)\leq PA+PB+PC$$

如果想使上式取等號，那麼從推理過程中可見必須有 $a=b=c$，即 ΔABC 是正三角形；又必須有 $AP\perp BC$，$BP\perp AC$，$CP\perp AB$，即 P 是 ΔABC 的中心。

三角形中一個點，這樣簡簡單單的圖形變出了多少花樣啊！數學家眼裏，一個基本圖形，就像孩子手裏的萬花筒，稍一轉動，就會出現一種美麗的花朵圖案；但拆開來，只是幾片不起眼的塗有顏色的紙片而已。

大與奇

有一句大家常說的話：「世界之大，無奇不有。」這句話把「大」與「奇」聯繫起來了。

意思是清楚的：在大量的事物或現象當中，常常會出現一些奇怪的、似乎是巧合的事物或現象。

奇怪的事物，巧合的現象，它的發生似乎是偶然的。但在一定條件下，表面上是偶然的東西，卻又必然出現。

圍棋有黑子、白子。你隨手抓 2 顆棋子，這 2 顆恰好都是白子，真巧！恰巧都是黑子，也可以說真巧。「兩顆棋子顏色相同」這件事有偶然性。

但是，如果你抓 3 顆棋子，其中必有 2 顆相同。這時，偶然的事變成必然發生的了。

棋子數量的增多，使偶然成為必然。

這不是太平常、太簡單了嗎？

但是，在許多司空見慣的平凡現象的背後，往往隱藏着深刻的道理。有些數學家，正是抓住了平凡現象背後的道理，深深發掘，形成數學觀念，闡發為著名的定理。

3 顆棋子必有 2 顆同色。5 顆呢？8 顆呢？100 顆呢？你會進一步想到：$2n+1$ 顆棋子中必有 $n+1$ 顆同色，$2n$ 顆棋子中必有 n 顆同色！

圍棋有黑白兩色，而跳棋可以有 6 種顏色。於是，7 顆跳棋子中必有 2 顆同色，13 顆跳棋子裏必有 3 顆同色！

一般的規律是：把 m 個東西分成 n 組，如果 m 大於 n 的 k 倍，那麼必有某一組包含了不少於 $(k+1)$ 件東西。

比如，把 30 個乒乓球放到 7 個抽屜裏，因為 30 大於 7 的 4 倍，每個抽屜裏只放 4 個肯定放不完，所以至少有一個抽屜裏有多於 5 個乒乓球。

這個道理就叫抽屜原理，或者鴿籠原理、郵箱原理。

人的頭髮很多，如果兩個人頭髮的根數一樣多，該是一件巧合吧！你相信嗎，在今天的中國，至少有 1 萬人，他們的頭髮根數一樣多呢！

這不過是抽屜原理的簡單應用而已。人的頭髮不會超過 10 萬根。把頭髮根數相同的人放到一個大「抽屜」裏去，總共有不到 10 萬個「抽屜」。10 多億人分到 10 萬個「抽屜」裏，總有一個抽屜裏有超過萬人吧。

反覆用抽屜原理，會得到很不明顯的結論。

幾十年前，國際數學競賽中有一道試題風靡一時：

「求證：任意 6 人到一起，必有 3 人彼此早已認識或彼此本不相識。」

這道看來奇妙的試題，仍是抽屜原理的應用。為了形象化，不妨把 1 個人用 1 個點表示，6 個人就是 6 個點。2 個人早已認識，2 點之間就連 1 條紅線。本不相識，就連 1 條藍線。如果有 3 個人彼此早已相識，那就會出現 1 個紅色三角形。有 3 個人素不相識，就出現 1 個藍色三角形。要證明的題目變成了：

「把 6 個點中每兩點連一條線，每條線染上紅色或藍色，則必出現單色三角形（紅色三角形或藍色三角形）。」

證明是這樣的：設 6 個點是

A_1、A_2、A_3、A_4、A_5、A_6，從 A_1 出發有 5 條線，這 5 條線中總有 3 條同色（圖 4-7）。不妨説 A_1A_2、A_1A_3、A_1A_4 3 條是紅的。如果 $\Delta A_2A_3A_4$ 是藍色三角形，就已經出現了單色三角形。若不然，$\Delta A_2A_3A_4$ 有一條紅邊。例如 A_2A_3 是紅的，則 $\Delta A_1A_2A_3$ 就是紅三角形。證畢。

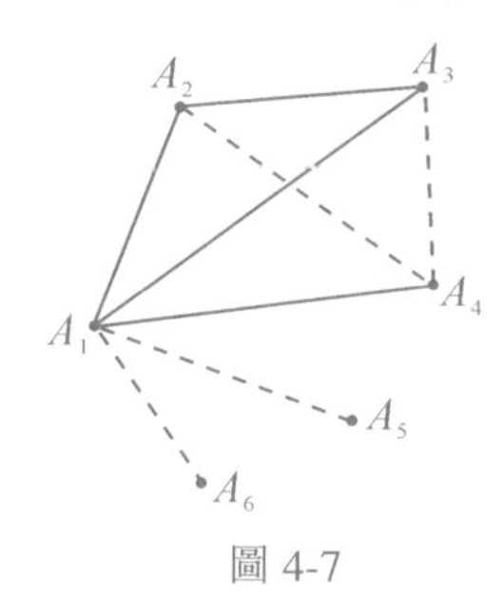

圖 4-7

這裏，第一步推理就是「5 條線染成紅藍兩色，其中總有 3 條同色」，正好用了抽屜原理！

由一些點和這些點之間的連線構成的圖形，叫做一個圖。圖可以用來直觀地表示 n 個事物之間的關係。比方説，A、B、C、D、E 5 個球隊進行循環比賽。如果已賽了 6 場——A 與 B、C 與 D、E 與 A、D 與 B、C 與 E、A 與 D，則可以用一個圖來表示。一看圖，一目了然，就知道哪兩個隊之間還沒比賽（圖 4-8）。

如果每兩個隊都比賽過了，那麼圖上每兩點之間都有連線。這種每兩點之間都有連線的圖，叫完全圖。

圖中的點 A，B，C，……叫做頂點。剛才那個題目的結論就是：

「6 頂點的兩色完全圖總有單色三角形。」

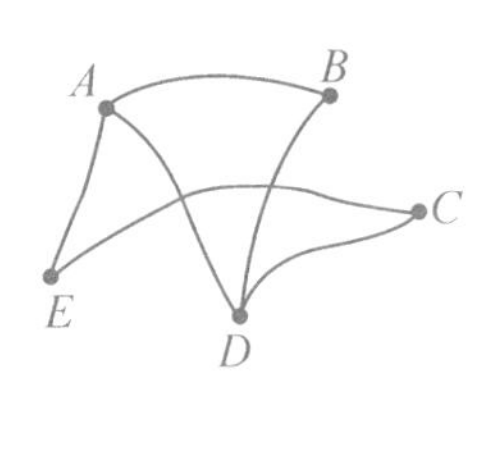

圖 4-8

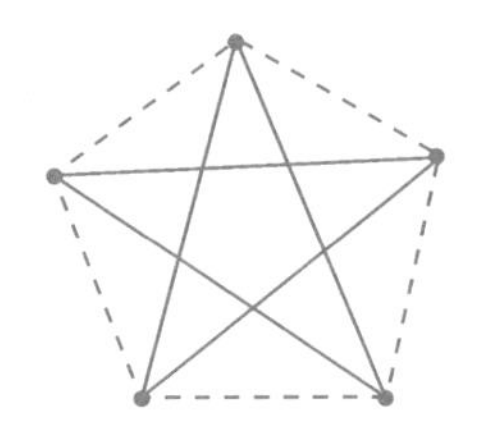
圖 4-9

那麼，5 頂點完全圖是不是一定有單色三角形呢？回答是不一定。如圖 4-9，實線表示紅色，虛線表示藍色。這個 2 色 5 頂點完全圖，沒有單色三角形。

而 6 頂點 2 色完全圖，不但一定有單色三角形，而且至少有 2 個！道理也不複雜。剛才已證明有單色三角形。設 $\Delta A_1A_2A_3$ 是紅色三角形。如果 $\Delta A_4A_5A_6$ 也是紅色三角形，當然萬事大吉。若不然，$\Delta A_4A_5A_6$ 中必有藍邊。不妨設 A_4A_5 是藍邊，從 A_4 向 A_1、A_2、A_3 連的 3 條線中，至多有 1 條紅線，否則就又有紅色三角形了。同理，從 A_5 到 A_1、A_2、A_3 連的 3 條線中，至多也只有 1 條紅線。因此，A_1、A_2、A_3 中總有 1 點和 A_4、A_5 都由藍線相連。這就出現了藍色三角形。證畢。

有人自然會問：7 頂點、8 頂點、更多頂點的 2 色完全圖裏，至少有幾個單色三角形呢？

研究結果，7 頂點 2 色完全圖至少有 4 個單色三角形。8 頂點 2 色完全圖至少有 8 個單色三角形。9 頂點 2 色完全圖至少有 12 個單色三角形。

一位叫古特曼的數學家在 1959 年證明：$2m$ 個頂點的 2 色完全圖至少有 $\frac{1}{3}m(m-1)(m-2)$ 個單色三角形。$4m+1$ 頂點的 2 色完全圖至少有

$\frac{2}{3}m(m-1)(4m+1)$ 個單色三角形。$4m+3$ 頂點的 2 色完全圖至少有 $\frac{2}{3}m(m+1)(4m-1)$ 個單色三角形。

那麼，進一步問，3 色完全圖裏有多少單色三角形呢？

在 1964 年的國際中學生數學競賽中有這麼一個題目：

「有 17 位科學家兩兩相互通信，每兩人討論 1 個題目。他們總共討論 3 個題目。試證明：其中一定有 3 個人討論的是同一個題目。」

17 個人就是 17 個點。3 個題目好比 3 種顏色：紅、藍、黃。隨着題目的不同，兩點之間畫不同顏色的線。3 人討論同一個題目，便是 1 個單色三角形。

所以，這個題目也就是：

求證：17 頂點的 3 色完全圖至少有 1 個單色三角形。

這個題目不難，你不妨自己試着做一做。實際上，數學家已經證明，17 頂點的 3 色完全圖至少有 4 個單色三角形呢！

三角形是三個頂點的完全圖。在頂點很多的多色完全圖中，是否一定有多頂點的單色完全圖呢？

數學家拉姆賽從最一般的觀點探索了這個問題，建立了一條「拉姆賽定理」。這條定理嚴格敍述起來很難懂。它的通俗的意思是：在足夠大的系統裏，一定能找到具有某些特殊性質的相當大的子系統。

比方説，只要多色完全圖的頂點足夠多，其中必然會有單色的 100 頂點完全圖。但是，大系統具體大到甚麼程度才一定會有這種 100 個頂點的單色完全圖呢？這還有待研究。

對拉姆賽定理的研究，已經形成了組合數學的一個相當大的分支。而它的出發點，卻是「3 個圍棋子中必有 2 個同色」這一平凡事實。

抓住平凡的事實，思考、探索、發掘，常能開拓出一個廣闊的天地。數學家的眼光，就是這樣由近及遠，透過平凡的現象看到深刻的底蘊。

不動點

同一天裏從北京開往上海的列車和從上海開往北京的列車，必然在途中某處相遇。

百米賽跑中，一開始落後了的選手想得冠軍，必須從一個一個對手的身邊越過。

這些都是人盡皆知的平凡事實。

平凡的事實，有時略變一個花樣，就不那麼平凡了。有這麼一個智力測驗題：

小明於早晨 6 點出發爬山，晚上 6 點到了山頂。第二天，他於早晨 6 點開始從山頂由原路向下走，最後回到了原出發地。請問：在上山下山的途中有沒有這麼一個地點，當小明上山下山經過這個地點時，他的手錶顯示出同樣的時刻。

回答是肯定的，而且道理十分淺顯。你不妨想像這不是一個小明在兩天裏的活動，而是兩個小明在同一天裏的活動。小明甲從早 6 點開始向山上爬，小明乙同時出發由山頂向下走。如果兩人的手錶都對準了北京時間，途中兩人相遇之處，兩塊手錶當然顯示出同一時刻！

把這些平凡的現象用數學語言表達，便成了一條重要的定理，叫做「連續函數的介值定理」。它的意思是說：

一個連續變化的量，如果在某個時刻它是正的，在另一個時刻它又變成了負的，那麼，中間一定有某個時刻它恰好是 0。

比方說，跳水員從跳台淩空而下，開始他的高度是正 10 米，幾秒之後，他在水面以下 4 米 —— 高度是負 4 米。當然，在這幾秒鐘的某一瞬間，他的高度是 0 —— 正在穿過水面。

初冬天氣，中午是 5°C，夜裏冷到 –6°C，這中間必然有一個時刻是 0°C。

這麼看，所謂「介值定理」，豈不太平凡了？

是的，它很平凡。但世界上平凡的東西常常有大的用場。空氣和水，到處都有，但非常重要。這個道理數學家是深知的。

從介值定理能推出許多有趣而又有用的結論。不動點定理就是其中之一。

設想把一根橡皮條拉長，拉長到 1 米，兩端固定在一根米尺的兩端。米尺上是有刻度的：1 厘米、2 厘米⋯⋯於是，可以在橡皮條上也畫上記號。橡皮條上的每個點對應於一個數 x。x 在 0 與 100 之間。

手一鬆，橡皮條自然會縮短。如果這橡皮條是你用剪刀從一塊破的自行車內胎上剪下來的，寬窄厚薄不均勻，那麼，它的伸長縮短也是不均勻的。從 10 厘米點到 30 厘米點這一段，拉長時是 20 厘米，恢復之後也許只剩 16 厘米了。而從 50 厘米到 80 厘米這一段，拉長時也是 20 厘米，恢復之後也許只剩 12 厘米。

把縮短了的橡皮條仍然放在尺子上，再按照尺子上的刻度在每個點作記號 y，y 與原來的 x 就對應起來。

從拉長到縮短，橡皮條上的每個點的位置都經歷了一次變化，一個運動，從 x 變到 y。這個運動可能很不規則，很難掌握。但是，數學家知道有一件事是確鑿無疑的——橡皮條上至少有一個點，它的位置沒有變化！或者說，這場劇烈運動的結果，它仍然在原處——巋然不動！

這就是線段上的不動點定理！

這個不動點定理證明起來很簡單：如圖 4-10，橡皮條的左端向右運動——$(y-x)$ 是正的，而它的右端卻向左運動——$(y-x)$ 是負的。讓點從左到右連續變化，$(y-x)$ 也連續變化，它從正變到負。根據介值定理，中間總有一點使 $y-x=0$，也就是位置沒有變！

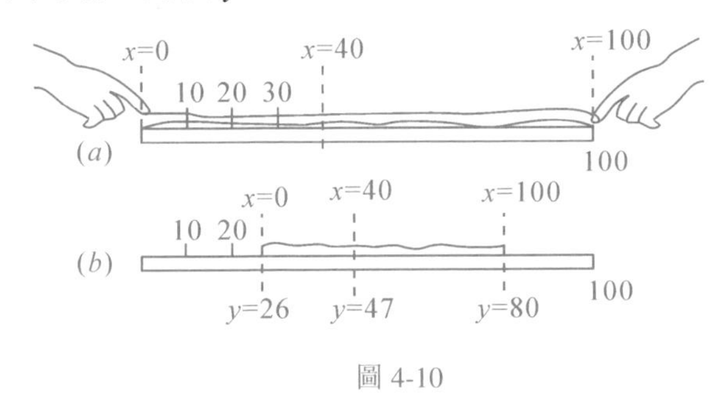

圖 4-10

拋開橡皮條，從數學上說，便是這麼回事：如果一條線段，經過連續變換，但每個點都仍在這條線段上。那麼，一定有一個點位置不變。

數學家進一步研究，發現平面上也有不動點定理，而且更加有趣。

一個長方形，比如，這是一幅地圖吧，一幅畫在繃緊了的橡膠薄膜上的中國地圖。把周圍的木框去掉，地圖不再繃緊，它收縮變形，擺在原來的中國地圖上，地圖上的每一點都有了新的位置。北京也許到了蘭州，上海說不定挪到了西安，海南島爬上了大陸。但是，不動點定理告訴我們，有一個地方肯定沒有動。至於這個地方是鄭州、重慶，還是南京，那就不知道了——那要根據變動的具體情況而定。

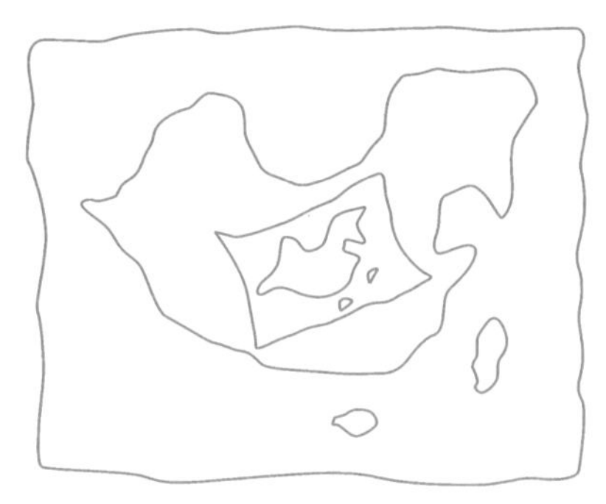

如果你想親手找出一個不動點來，我們可以作一個簡單實驗。長方形 $ABCD$ 按比例縮小成為長方形 $A'B'C'D'$。把 $A'B'C'D'$ 安置在 $ABCD$ 之內。這表示 $ABCD$ 上的點到了新的位置，A 到了 A' 處，B 到了 B' 處，C 到 C' 處，D 到 D' 處。任一點 P 到了 P' 處。因為是按比例縮小，應當有 $\Delta PAB \sim \Delta P'A'B'$。請你證明，一定有一個點 Q 與運動之後的 Q' 重合——也就是沒有動！這就是請你找一個點 Q，使 $\Delta QAB \sim \Delta QA'B'$。

初看，這個 Q 不好找。你不妨想像它已找到了。延長 $B'A'$ 變直線 AB 於 E，如圖 4-11 那樣。由於 $\Delta A'B'Q \sim \Delta ABQ$，故 $\angle QB'A' = \angle QBE$。這表明 Q、B'、B、E 四點共圓。而其中三點 B'、B、E 可以事先確定。同樣道理，延長 $A'D'$ 交 AD 於 F，由 $\angle QA'F = \angle QAF$ 可以知道 Q、A'、A、F 四點共圓，即 Q 又在 A'、A、F 所確定的圓上。只要分別作 $\Delta B'BE$ 和 $\Delta A'AF$ 的外接圓，兩圓的交點就確定了 Q。

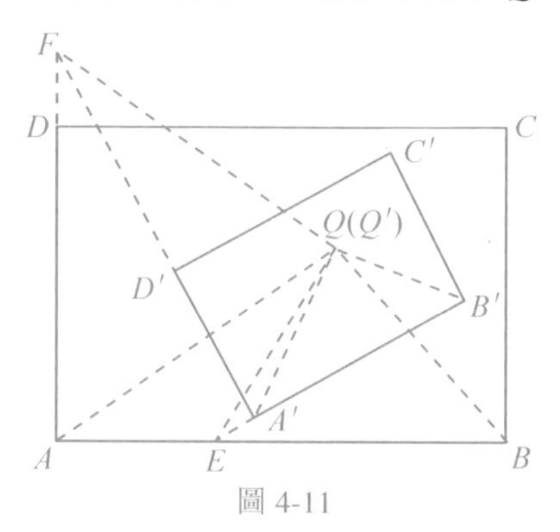

圖 4-11

在這種特殊的情形下，你親手捉住了一個不動點。

在圓周上沒有不動點定理。圓周自身稍轉一下，所有的點都動了。但是，球面上卻有不動點定理。

數學家不是氣象學家，但是，根據球面上的不動點定理，數學家卻敢斷言：任何時候，地球上總有一個地方不颳風！

任一時刻，在地球表面上每個點都可以畫一個箭頭。箭頭的方向表示當地的風向，箭竿的長短表示風速的大小。這些箭頭可以表示一個運動：每個點從箭尾跑到箭頭。根據球面上的不動點定理，一定有個點不動，也就是有一個地方箭竿之長為 0，即這裏風速為 0！

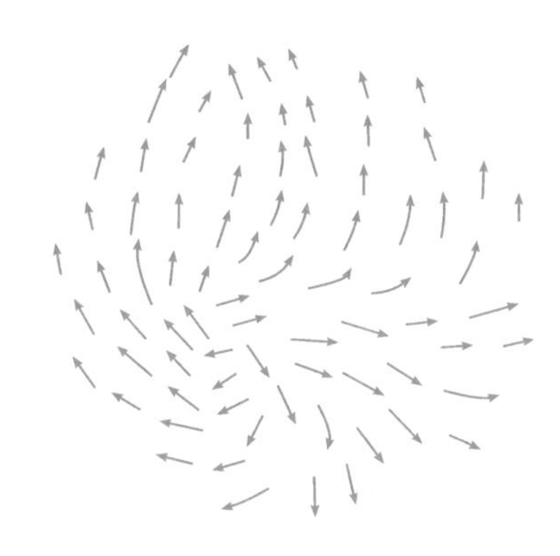

數學家花了很大力氣研究不動點，發現了各式各樣的不動點定理。關於不動點的科學研究論文有上千篇之多。直到今天，它還是數學家的研究課題呢！

為甚麼數學家對不動點如此感興趣呢？原來，各式各樣的方程求解問題，都可以化成尋找某個變換下的不動點問題。例如，要求方程

$$x^3 + 2x - 1 = 0 \tag{1}$$

的根時，先把方程變形為：

$$x^3 + 3x - 1 = x \tag{2}$$

這只要兩邊同時加個 x 就成了。再把 (2) 的左端寫成 y，即設

$$x^3 + 3x - 1 = y \tag{3}$$

於是 (3) 式反映了一個變換的規律。拿個 x 來，代入 (3) 的左端，便能求出一個 y —— x 變成了 y。例如，0 變成 -1，1 變成 3，2 變成 13，等等。如果某個 x_0 代到左端，計算之後結果仍是 x_0，則 x_0 就是變換 (3) 的不動點。x_0 滿足 (2)，所以它就是方程 (1) 的根。

剛才的 x 是一個數，它是數軸上的一個點；平面上一個點可以代表兩個數；空間的一個點可以代表三個數：所以一個空間變換下的不動點相當於某個二元方程組的解。

在數學家眼裏，甚至一串無窮個數，一條曲線，一個曲面……都可以看成一個點。這樣，尋求某種未知數串，未知曲線，未知曲面的問題，便都可以化歸為找尋不動點的問題了。

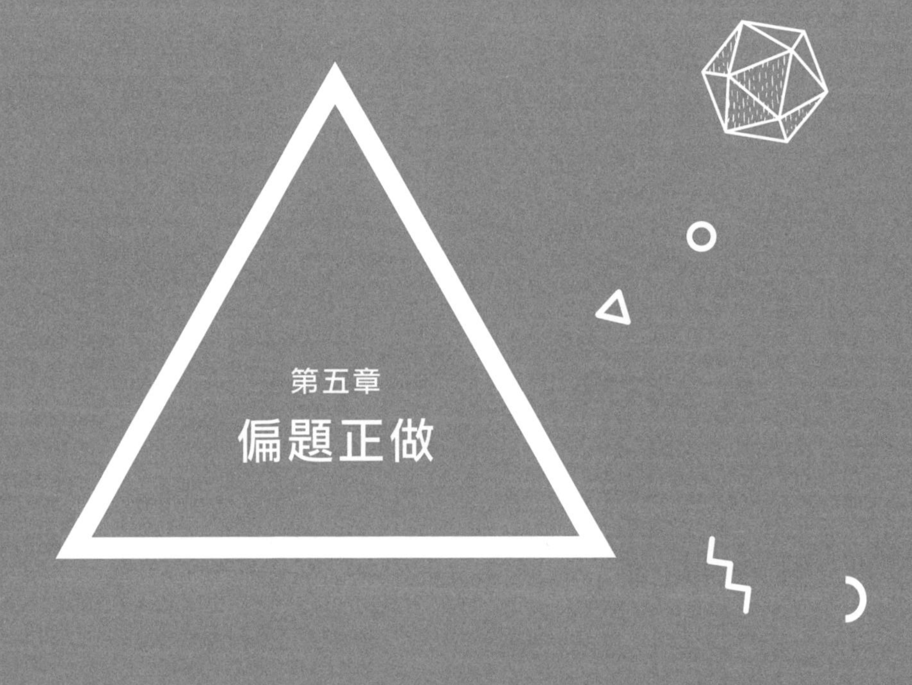

第五章

偏題正做

洗衣服的數學

我們愛清潔，衣服髒了要洗。

我們也要節約用水，希望用一定量的水把衣服儘量洗乾淨。

這就提出了數學問題。本來嘛，當你用數學家的眼光看周圍事物的時候，處處都能提出數學問題。

但是，數學家不喜歡含含糊糊的問題。先要把問題理清楚，把現實世界的問題化為純數學的問題。這叫做建立數學模型。

現在衣物已打好了肥皂，揉搓得很充分了。再擰一擰，當然不可能完全把水擰乾。設衣服上還殘留含有污物的水 1 千克，用 20 千克清水來漂洗，怎樣才能漂得更乾淨？

如果把衣服一下放到 20 千克清水裏，那麼連同衣服上那 1 千克水，一共 21 千克水。污物均勻分佈在這 21 千克水裏，擰乾後，衣服上還有 1 千克。所以污物殘存量是原來的 $\frac{1}{21}$。

通常你不會這麼辦，你會把 20 千克水分 2 次用。比如第一次用 5 千克，使污物減少到 $\frac{1}{6}$，再用 15 千克，污物又減少到 $\frac{1}{6}$ 的 $\frac{1}{16}$，即 $\frac{1}{6\times16}=\frac{1}{96}$。分 2 次洗，效果好多了。

同樣分 2 次洗，也可以每次用 10 千克，每次都使污物減少到原有量的 $\frac{1}{11}$，$11\times11=121$。2 次可以達到 $\frac{1}{121}$ 的效果！

要是不怕麻煩，分 4 次洗呢？每次 5 千克水，第一次使污物減少到原有的 $\frac{1}{6}$，4 次之後，污物減少到原有的 $\frac{1}{6^4}=\frac{1}{1296}$，效果更佳！

但是，這樣是不是達到最佳效果了呢？

進一步問，如果衣服上殘存水量是 1.5 千克或 2 千克，洗衣用水量是 37 千克，那麼又該怎麼洗法？

你會想到用字母代替數了，這樣能使問題一般化。設衣服充分擰乾之後殘存水量 w 千克，其中，含污物 m_0 克。漂洗用的清水 A 千克。

我們把 A 千克水分成 n 次使用，每次用量是 a_1，a_2，a_3，…，a_n（千克）。經過 n 次漂洗後，衣服上還有多少污物呢？

第一次，把帶有 m_0 克污物和 w 千克水的衣服放到 a_1 千克水中，充分搓洗，使 m_0 克污物溶解或均勻懸浮於 $(w+a_1)$ 千克水中。

把污水倒掉，衣服擰乾的時候，衣服上還殘留多少污物呢？由於 m_0 克污物均勻分佈於 $(w+a_1)$ 千克水中，所以衣服上殘留的污物量 m_1 與殘留的水量 w 成正比：

$$\frac{m_1}{m_0} = \frac{w}{w+a_1} \tag{1}$$

故

$$m_1 = m_0 \cdot \frac{w}{w+a_1} = \frac{m_0}{\left(1+\frac{a_1}{w}\right)} \tag{2}$$

類似分析可知，漂洗 2 次之後衣服上污物量為

$$m_2 = \frac{m_1}{\left(1+\frac{a_2}{w}\right)} = \frac{m_0}{\left(1+\frac{a_1}{w}\right)\left(1+\frac{a_2}{w}\right)} \tag{3}$$

而 n 次洗滌之後衣服上殘存污物量為

$$m_n = \frac{m_0}{\left(1+\frac{a_1}{w}\right)\left(1+\frac{a_2}{w}\right)\cdots\left(1+\frac{a_n}{w}\right)} \tag{4}$$

有了這個公式，也就是建立了數學模型。下一步的問題是：

(1) 是不是把水分得越勻，洗得越乾淨？

(2) 是不是洗的次數越多越乾淨？

先考慮第一個問題。對固定的洗滌次數 n，如何選取 a_1 、 $a_2 \cdots a_n$，才能使 m_n 最小？也就是使 (4) 的右端的分母最大？

這個分母是 n 個數之積。這 n 個數之和是

$$\left(1+\frac{a_1}{w}\right)+\left(1+\frac{a_2}{w}\right)+\cdots+\left(1+\frac{a_n}{w}\right)=n+\frac{A}{w} \tag{5}$$

於是問題化為：當 n 個數之和為一定值 $S=n+\dfrac{A}{w}$ 時，n 個數的乘積何時最大？

用「平均不等式」馬上可以解決這個問題。平均不等式說：任意 n 個正數 c_1 、 $c_2 \cdots c_n$ 的「幾何平均數」不超過它們的「算術平均數」。也就是說：

$$\sqrt[n]{c_1 c_2 \cdots c_n} \leq \frac{1}{n}(c_1+c_2+\cdots+c_n) \tag{6}$$

當且僅當 $c_1=c_2=\cdots=c_n$ 時，兩端才會相等。這是一個重要不等式。把 c_1 、 $c_2 \cdots c_n$ 換成 $\left(1+\dfrac{a_1}{w}\right)$ 、 $\left(1+\dfrac{a_2}{w}\right)\cdots\left(1+\dfrac{a_n}{w}\right)$，得到：

$$\left(1+\frac{a_1}{w}\right)\left(1+\frac{a_2}{w}\right)\cdots\left(1+\frac{a_n}{w}\right) \leq \left(1+\frac{A}{nw}\right)^n \tag{7}$$

這就告訴我們，每次用水量相等的時候，洗得最乾淨，而殘存污物的量是

$$\frac{m_0}{\left(1+\dfrac{A}{nw}\right)^n} \tag{8}$$

這就肯定地回答了剛才的問題（1）。

是不是分成 $n+1$ 次要比 n 次洗得更乾淨呢？確實是的。還是可以用平均不等式來證明，對 $n+1$ 個正數 c_1 、 $c_2 \cdots c_{n+1}$ 用平均不等式。這裏取

$$c_1 = c_2 = \cdots = c_n = 1 + \frac{A}{nw}, c_{n+1} = 1 \tag{9}$$

把它們代入（6）便得

$$\left(1+\frac{A}{nw}\right)^n \times 1 < \left[\frac{n\left(1+\frac{A}{nw}\right)+1}{n+1}\right]^{n+1} = \left[1+\frac{A}{(n+1)w}\right]^{n+1} \tag{10}$$

這表明，把水分成 $n+1$ 次洗，要比分成 n 次洗好一些。

那麼，如果洗上很多很多次，是不是能用一定量的水把衣服洗得要多乾淨有多乾淨呢？

不會的，仍然可以用平均不等式證明。考慮 $n+k$ 個正數 c_1 、 $c_2 \cdots$ c_n 、 $c_{n+1} \cdots c_{n+k}$ 。這裏 k 是一個比 $\frac{A}{w}$ 大的正數，再令 $b = 1 - \frac{A}{kw}$ 。取

$$c_1 = c_2 = \cdots = c_n = \left(1+\frac{A}{nw}\right), c_{n+1} = \cdots = c_{n+k} = b$$

於是，把它們代入平均不等式（6）以後得到：

$$\left(1+\frac{A}{nw}\right)^n \cdot b^k \le \left[\frac{n\left(1+\frac{A}{nw}\right)+kb}{n+k}\right]^{n+k} = 1 \tag{11}$$

也就是

$$\left(1+\frac{A}{nw}\right)^n \le \frac{1}{b^k} = \left(\frac{k}{k-\frac{A}{w}}\right)^k \tag{12}$$

因為當 k 是任一個大於 $\frac{A}{w}$ 的整數時，不等式 (12) 都對，所以不妨取個 k 使 (12) 變得清楚一些。具體地，用 A^* 表示不小於 $\frac{2A}{w}$ 的最小整數，取 $k = A^*$，則因 $k \geq \frac{2A}{w}$ 可知 $\frac{k}{k - \frac{A}{w}} \leq 2$，於是由 (12) 便得

$$\left(1 + \frac{A}{nw}\right)^n \leq 2^{A^*} \quad (A^* \text{ 是不小於 } \frac{2A}{w} \text{ 的最小整數}) \tag{13}$$

例如，當 $\frac{A}{w} = 1$ 時，$A^* = 2$，(13) 的右邊是 4；當 $\frac{A}{w} = 3.5$ 時，$A^* = 7$，(13) 的右邊是 128；當 $\frac{A}{w} = 1.7$ 時，$A^* = 4$，(13) 的右邊是 16。

總之，$\frac{A}{w}$ 越大，衣服洗得越乾淨，這是我們意料之中的事。但有個限度。由 (13) 可知，用 20 千克水洗，又設衣服擰乾後仍有 1 千克水，則不論怎麼洗，污物不會比原有的 $\frac{1}{2^{40}}$ 更少！

從上面分析的過程看出，用數學方法研究實際問題，常常是這樣做：

1. 選擇有實際意義的問題。

2. 建立數學模型，把實際問題化成數學問題。

3. 找尋適當的數學工具來解決問題——這裏用的工具是「平均不等式」。

4. 把數學上的答案拿到實際中去運用、檢驗。

其實，數學模型和實際情形常常有不一致之處。比如，我們假設在每次漂洗的時候，污物能均勻分佈在水裏，這就很難辦到。另外，

我們只考慮到節約用水，還沒考慮到節約寶貴的時間。多洗幾次固然省水，可又多用了時間，怎麼辦？算出來，n 越大越好，但洗的次數太多，衣服又會洗破。所以，實際上分三四次漂洗也就足夠了。如果把時間耗費、衣服磨損再考慮進去，那就是一個新的更複雜的數學模型了。

疊磚問題

著名的意大利比薩斜塔，你一定知道吧！為甚麼它傾斜了那麼漫長的歲月而至今不倒呢？物理學告訴我們，把一個平底的物體放在水平平面上，只要重心不落在它的底面之外，就不會倒。何況，比薩斜塔還有深埋於土中的塔基呢！

如果它太斜了，終究還是要倒的。

這就引出了一個問題：請你用一些磚疊一座小斜塔，你能使它斜到甚麼程度呢？

準確地說，你能使最上面一塊磚的重心和最下面一塊磚的重心的水平距離達到多遠呢？

假定這幾塊磚是一模一樣的，都是質量均勻的好磚。令每個標準的長方體的長為 1，高為 h，寬為 d，$0<h<d<1$。

擺的方法，像圖 5-1 那樣，把磚放平，放齊。

開始，你也許會這樣擺：每塊磚都比下面那一塊多伸出長為 a 的一段，n 塊磚可以伸出 $(n-1)a$ 那麼長。這個 $(n-1)a$ 有多長呢？

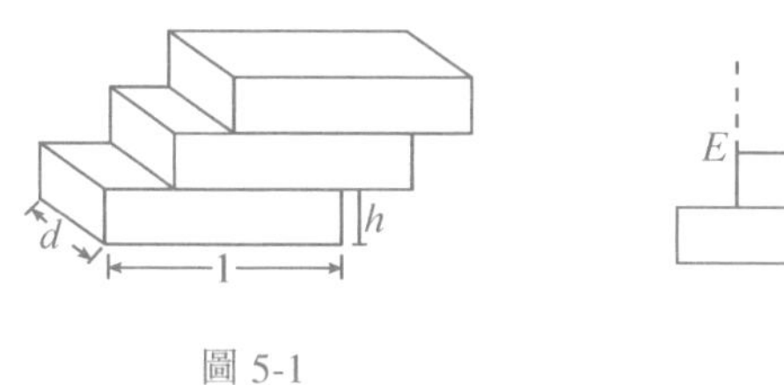

圖 5-1　　　　圖 5-2

也許不出你所料，它不會太長，還不到一磚之長！圖 5-2 畫出了 $n = 3$ 的情形。為了「斜塔」不倒，上面 $(n - 1)$ 塊磚的重心 G 不能落在最下面那塊磚之外，因而必須有

$$DC \geq BC$$

但

$$DC = \frac{1}{2}EF = \frac{1}{2}\left[1 + (n - 2)a\right]$$
$$BC = (n - 1)a$$

故

$$\frac{1}{2}\left[1 + (n - 2)a\right] \geq (n - 1)a$$

由此解出 $na \leq 1$，$(n - 1)a \leq \dfrac{n - 1}{n}$。也就是說，這樣均勻伸出的擺法，最多只能讓上層比底層多伸出 $\dfrac{n - 1}{n}$ 磚長，即不到一磚之長。

為了清楚，圖 5-3 畫出了 $n = 6$ 的情形。

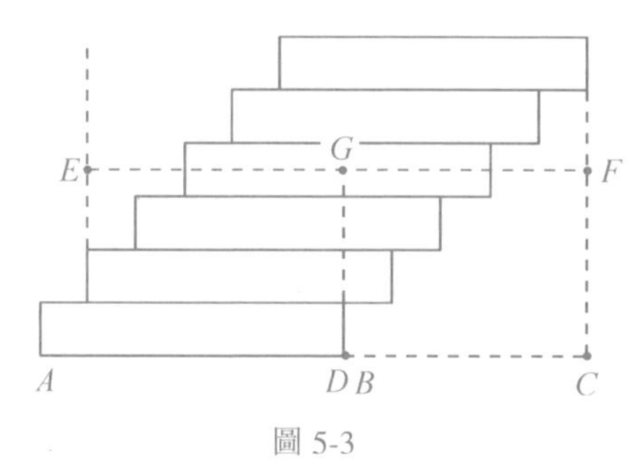

圖 5-3

如果每塊磚伸出的長短各不相同，是不是可以更伸長一些呢？

結論是出人意料的。只要磚夠多，伸出多遠都是可能的！

問題似乎複雜。但是，如果你吸取了一種新奇的建築施工方法的思想，從塔頂往下，而不是由下而上地建塔，便容易看出答案了。

從最簡單的情形開始，這是數學家思考問題的重要法則。

如果只有兩塊磚，那麼非常簡單，上面一塊磚最多只能伸出一塊磚長的$\frac{1}{2}$。

假設我們已經建好了兩塊磚的塔，上層比下層多伸出一塊磚的$\frac{1}{2}$。上層叫第一塊磚，下層叫第二塊磚。它們的共同重心為 G_2。顯然，G_2 離第一塊磚外端的水平距離為$\frac{1}{2}\left(1+\frac{1}{2}\right)=\frac{3}{4}$（圖 5-4）。

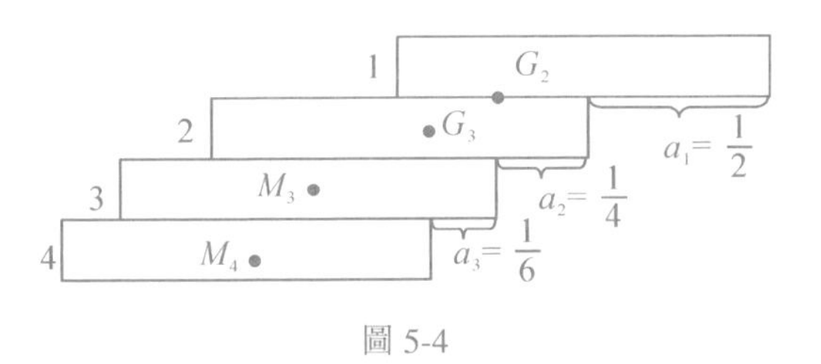

圖 5-4

這樣的塔雖然只有兩層，但是上面不能再添加向外伸長的磚了。但下面卻可以再添！這就是自上而下的新施工方法給我們帶來的好處。為了 G_2 落在第三塊磚之上，圖 5-4 告訴我們，第二塊磚可以比第三塊伸出$\frac{1}{4}$磚長。

為了弄清第三塊比第四塊可以伸出多少，我們要分析一下前三塊磚的重心 G_3 比 G_2 向左水平移動了多少。由於 G_2 與第三塊磚重心 M_3

的水平距離恰為$\frac{1}{2}$磚長，而 G_2 的質量是 M_3 質量的 2 倍，故 M_3 的影響將使 G_3 比 G_2 左移半磚長的$\frac{1}{3}$，即$\frac{1}{6}$磚長，這就是第三塊磚比第四塊磚伸出的長度。

當上面 $n-1$ 塊磚擺好之後，這 $n-1$ 塊磚的重心 G_{n-1}，恰好對準第 n 塊磚的右端 B。於是第 n 塊磚的重心 M_n 與 G_{n-1} 的水平距離恰為$\frac{1}{2}$磚長。因為 G_{n-1} 與 M_n 分別代表的重量之比是 $(n-1):1$，所以它們合起來的重心 G_n 與 G_{n-1} 的水平距離是$\frac{1}{2}$磚長的$\frac{1}{n}$，即一塊磚長的$\frac{1}{2n}$。這就是第 n 塊磚比第 $n+1$ 塊磚的伸出量（圖 5-5）！

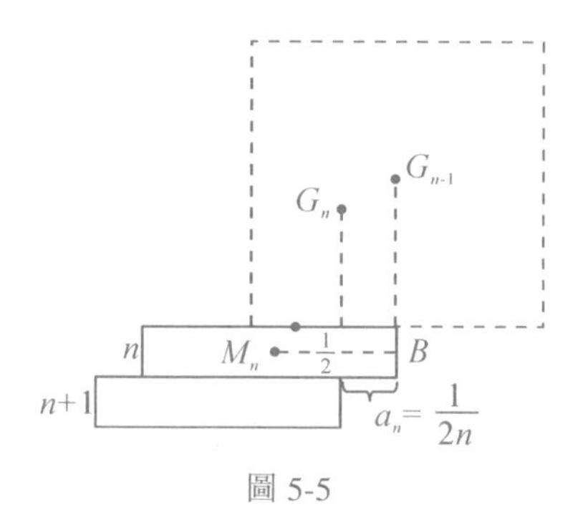

圖 5-5

於是，用 $n+1$ 塊磚建塔，總的最大伸出量為（也是頂磚和底磚的重心的水平距離）：

$$A_n = \frac{1}{2} + \frac{1}{4} + \frac{1}{6} + \cdots + \frac{1}{2n}$$
$$= \frac{1}{2}\left(1 + \frac{1}{2} + \frac{1}{3} + \cdots + \frac{1}{n}\right)$$

現在問，當磚很多時，即 $n+1$ 很大時，伸出量 A_n 能有多大？

別看 $\frac{1}{n}$ 越來越小，而且隨 n 趨於無窮而趨於 0，但加起來之後，卻是要多大有多大。簡單的理由是

$$\frac{1}{3}+\frac{1}{4}>\frac{1}{4}+\frac{1}{4}=\frac{1}{2}$$
$$\frac{1}{5}+\frac{1}{6}+\frac{1}{7}+\frac{1}{8}>\frac{1}{8}+\frac{1}{8}+\frac{1}{8}+\frac{1}{8}=\frac{1}{2}$$
$$\frac{1}{9}+\frac{1}{10}+\frac{1}{11}+\cdots+\frac{1}{16}>8\times\frac{1}{16}=\frac{1}{2}$$
$$\frac{1}{2^{m-1}+1}+\frac{1}{2^{m-1}+2}+\cdots+\frac{1}{2^{m-1}+2^{m-1}}>2^{m-1}\times\frac{1}{2^m}=\frac{1}{2}$$

因此

$$1+\frac{1}{2}+\frac{1}{3}+\cdots+\frac{1}{2^m}>1+m\times\frac{1}{2}=\frac{m+2}{2}$$

這表明，和數 $1+\frac{1}{2}+\frac{1}{3}+\cdots+\frac{1}{n}$ 可以很大很大。

如果有 65 塊磚，便可以使頂層比底層伸出 2 磚之長還要多。磚數加 1 倍，上面便能伸出 $\frac{1}{4}$ 磚長多！

從這個問題的思考過程中，我們可以看出：

第一，想問題要從各個方面想。這裏，不能只想到每塊磚伸出量相等的情形，而且要想到不相等的情形；不能只想到從上面添磚，而且要想到從下面添磚。這樣才能想出辦法來。

第二，先分析最簡單的情形。兩塊磚、三塊磚的情形弄清楚了，更一般的規律也容易發現了。

第三，不要忽視簡單的問題，誰能想到，疊磚問題能引出無窮級數

$$1+\frac{1}{2}+\frac{1}{3}+\cdots+\frac{1}{n}+\cdots$$

的討論，把我們帶到高等數學的領域呢？

假如地球是空殼

地球是球，足球也是球。但足球裏面是空的，或者說，充滿了空氣。地球可是實心的，據科學家研究，裏面是熾熱的岩漿。

有位小說家，他想像地球像足球一樣，也是個空殼，寫出了《地心探險記》。既然地球是空的，裏面肯定是個大世界，當然可以一遊啦！

設想你來到了空心地球的內部，這樣立刻產生了一個問題。

你在地球表面上，感到自己有重量，向上一跳，就又落下來了。這是因為地球對你有吸引力。地球在你腳下，所以向「下」吸。

到了地球之內，可不一樣了。地球是空殼，它在你的上下左右，四面八方。四面八方的球殼都在吸引你。引力的合力究竟是向上，還是向下呢？

有人認為向下，因為下面這塊地殼在你身旁，離你近。萬有引力定律說，引力大小與距離的平方成反比。所以，離得近，地殼對你的引力就大。

也會有人認為引力向上。因為上面那塊球殼要大得多，引力與質量乘積成正比，大塊地殼的引力要大些！

 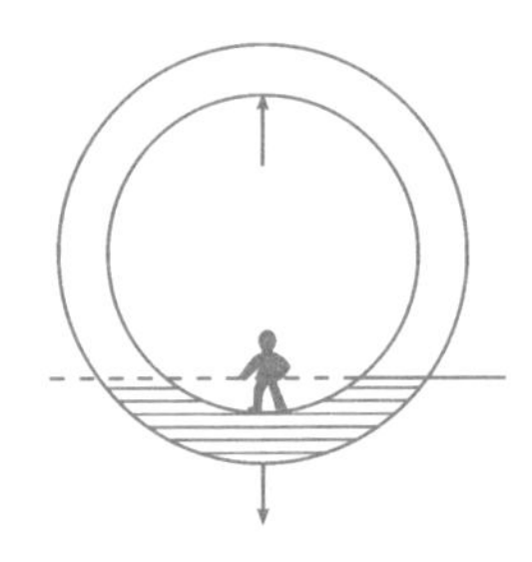

這樣一爭，就可以看出矛盾了。物體的大小與遠近都影響引力的合力。光考慮一個方面不行，要綜合起來研究。

這下子問題複雜了。要物理學家和數學家一起來商量。

物理學家提供了萬有引力公式：

$$F = \frac{Nm_1m_2}{d^2} \tag{1}$$

這裏 F 代表兩個物體之間的引力，N 是萬有引力常數，m_1 和 m_2 分別是這兩個物體的質量，而 d 是兩個物體的質心之間的距離。

有了物理公式之後，剩下的是數學家的工作了。數學家解決這類問題有個辦法，叫做「化整為零」。

地殼可能厚達數百千米。在數學家眼裏，它是一層一層的同心球殼，每層極薄極薄，比如說只有 1 毫米，甚至 0.01 毫米厚。只要求出這一層極薄的球殼對人的身體的引力，就好辦了。不管多少層，一層一層地加起來就是了。

這一個薄殼，是直徑為上萬千米的大球殼。我們把目光集中於一小塊，比如一平方毫米那麼大的一塊。一小塊的道理弄明白了，把許多塊加起來就是了。

取一小塊薄殼 A，設這塊薄殼質量是 P_1。它的質心與人的質心 G 的距離是 d_1。設人的質量是 m，則這塊薄殼對人的引力大小是

$$F_1 = \frac{NmP_1}{d_1^2} \tag{2}$$

如圖 5-6，在薄殼 A 上任取一點與 G 相連，連線延長後交與對面球殼上的一點。當點在 A 上走遍時，對面那個點也走遍了一小塊薄殼 B。當 A 很小 B 也很小的時候，可以把這兩塊看成是相似形，相似比是 $\frac{d_1}{d_2}$。這裏 d_2 是 B 的質心到 G 的距離。設 B 這塊薄殼質量是 P_2，則 B 對人體的引力大小是

$$F_2 = \frac{NmP_2}{d_2^2} \tag{3}$$

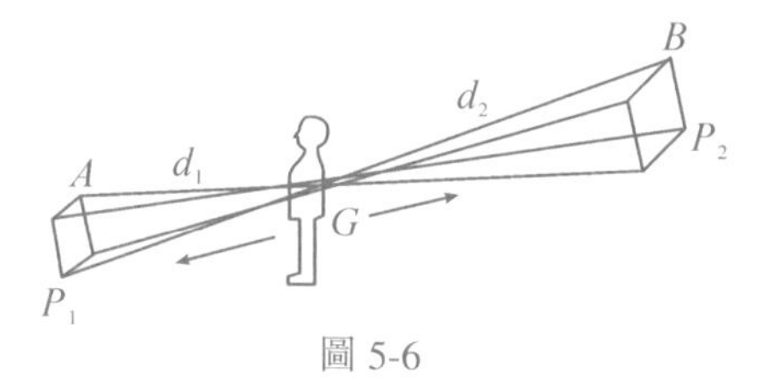

圖 5-6

當然，兩塊薄殼的質量 P_1 與 P_2 之比與兩塊面積成正比，面積比又等於相似比的平方，所以

$$\frac{P_1}{P_2} = \frac{d_1^2}{d_2^2} \tag{4}$$

於是

$$\frac{F_1}{F_2} = \frac{P_1}{d_1^2} \bigg/ \frac{P_2}{d_2^2} = 1 \tag{5}$$

這表明兩個力大小相等。但是，它們的方向又相反，合力自然為 0！

每一小塊薄殼產生的引力都被對面那一小塊的引力抵銷了！地殼內部是沒有重力的！

如果地球真是一個空殼，遊人在裏面不是走，而是在空中飄浮。因為沒有重力！這是多麼有趣啊！

上面所說的化整為零的分析計算的方法，是數學家慣用的辦法。許多重要的工程技術問題和科學理論問題都可以用這個辦法來解決。我們這裏說得不太嚴格，用微積分的語言和符號，可以敘述得十分嚴格。

地球不是空殼，那又怎麼檢驗計算的結果對不對呢？

我們無法挖空了地球做實驗，但是可以用電學的實驗來模擬。帶正電荷的物體和帶負電荷的物體之間也有引力。引力公式與萬有引力公式類似：

$$F = \frac{Ke_1e_2}{d^2} \tag{6}$$

這裏 F 是靜電吸引力，K 是一個常數，但是這個常數不叫牛頓常數而叫庫倫常數。e_1 和 e_2 分別是兩個小物體帶的電量，d 還是兩物體間的距離。

用一個銅球殼，讓它帶上一定量的電荷，電荷會均勻分佈於外層。球內部有沒有靜電產生的電場呢？

按剛才計算地殼內的重力場的方法，銅球內應該沒有電場。實驗表明，銅球內確實沒有電場。模擬實驗證明了我們的計算結果。

再問一個問題：既然地球是實心的，計算空地殼內的重力場有沒有甚麼用呢？

用處還是有的。這個計算結果可以幫我們預測地下的重力。

離地球越遠，重力越小，這是大家所知道的。那麼，當我們沿着一條礦井走下去，一直走到地層深處的時候，重力是比地面更大，還是更小呢？

當到達 1 000 米深的地下礦井的時候，就有 1 000 米厚的地殼引力消失了。但是另一方面，你離地心更近了。設地球半徑為 R。剝掉 1 000 米地殼，半徑只剩 $(R-1)$ 了。設地球質量為 M，剝掉 1 000 米厚，質量為 M_1。如果地球質量均勻，質量比等於體積比，也就等於半徑的立方之比。設你的身體質量為 m，則地面上地球對你的引力是

$$W = \frac{NmM}{R^2} \tag{7}$$

而地下 1 000 米處的引力是

$$W_1 = \frac{NmM_1}{(R-1)^2} \tag{8}$$

兩式相比，再注意到 $\frac{M_1}{M} = \frac{(R-1)^3}{R^3}$，故

$$\frac{W_1}{W} = \frac{M_1}{(R-1)^2} \bigg/ \frac{M}{R^2} = \frac{R-1}{R} \tag{9}$$

地球半徑 $R \approx 6\,378$（千米）。可見，在深為 1 000 米的地下，人的身體所受的引入減少了大約 1/6 378。如果用精確的彈簧秤，這點失重還能檢查出來呢！

地下高速列車

地球是球形的。從上海火車站到烏魯木齊火車站連一條直線，這條直線當然只能在地面之下穿過。它是地球的一條弦（圖 5-7）。

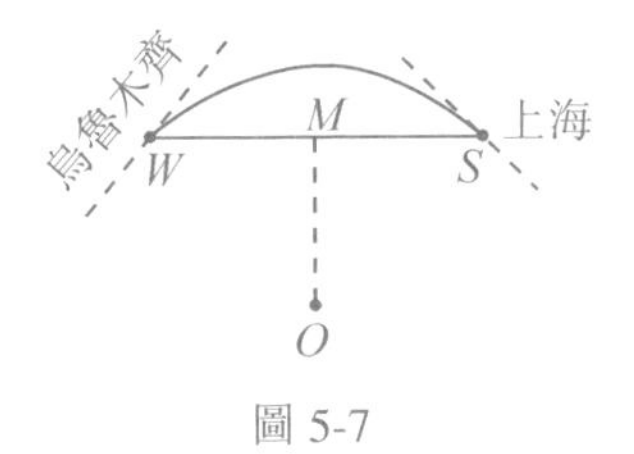

圖 5-7

讓我們展開想像的翅膀。沿着這條弦挖一條筆直的地道，從上海直通烏魯木齊。上海人站在上海這一端張望，他感到地道是深入地下去的。烏魯木齊人站在烏魯木齊這邊張望，也覺得地道是深入地下去的。當然，地道不是筆直，而是斜着下去的。

如果兩人在兩頭都用遠端望遠鏡向對方看去，便都覺得對方在自己的腳下。

在地道裏鋪設好鋼軌，便有了一條上海 — 烏魯木齊「直」達快車線。

有趣的是，如果不考慮摩擦和空氣阻力的話，這條直達快車線是不用消耗能量的！

列車在上海洞口，會自動向下滑，越滑越快，滑向烏魯木齊。當列車滑到地道中點 M，離地中心最近的時候，也就是離地面最低的時候，它的速度達到了最大值。靠着這已經獲得的高速，它繼續向前衝，但是速度越來越慢了。如果工程設計使上海洞口和烏魯木齊洞口處於同一水平面，列車到達烏魯木齊的時候，動能消耗殆盡，慢慢地停了下來。這時，月台工作人員要趕快用個大鈎子把列車拉住。要不然，還不等旅客下車，列車就會往回溜，又滑向上海去了。

列車往復滑動，好像一個大鐘擺。

現在地面上的列車，從上海到烏魯木齊要幾天幾夜。真的挖好了地道，乘坐地下直達列車，從上海到烏魯木齊，要走多久呢？

看來這不是一個簡單問題。如果算不出準確時間，大致地估一估也好。這一趟旅行，要一天，還是兩天？

用 S 表示上海，W 表示烏魯木齊，O 表示地球的中心。線段 WS 的中點記作 M。列車通過 SM 這段和 MW 這一段用的時間是一樣的，只要估計出列車通過 SM 這一段的時間就行了（圖 5-8）。

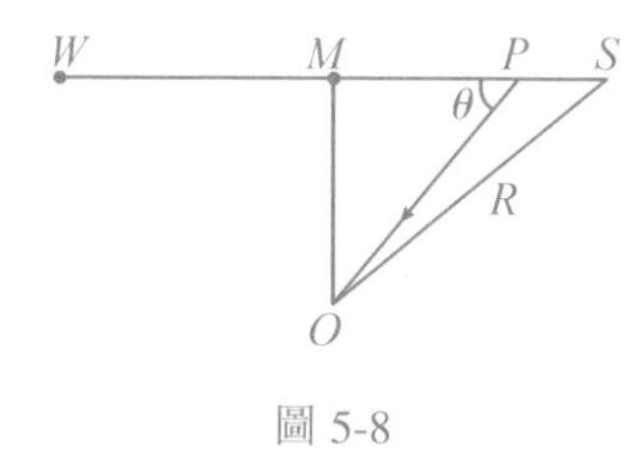

圖 5-8

列車在 SM 上任一點 P，它的加速度是多少呢？這是個關鍵問題，知道了加速度，才能算出速度，找出運動的規律。

根據牛頓第二定律

$$F = ma \text{（作用力 = 質量} \times \text{加速度）}$$

可以看出，只要知道了列車受的力，也就知道了加速度。

列車受的力，當然是地心引力。但是，在任一點 P，地心引力方向是 PO，而列車前進方向是 PM。所以，使列車前進的力實際上是地心引力的分力。按力學原理，這個分力的大小應當是地心引力乘上一個因數 $\cos\theta$，這裏 θ 是 PO 與 PM 的夾角。

地心引力是多大呢？如果在地球表面，它應當是 mg，m 是列車的質量，g 是重力加速度，$g = 9.8$ 米 / 秒 ^{2}。現在列車進入地下，引力要小一些。小多少呢？上一節已經算過，要去掉一層球殼產生的引力，這相當於只考慮以 O 為心，OP 為半徑這個小地球的引力。它與地球表面引力之比是 $\frac{OP}{R}$。於是列車在 P 點所受的由地心引力而產生的在前進方向的分力就是：

$$
\begin{aligned}
F &= mg \times \frac{OP}{R} \times \cos\theta \\
&= mg \times \frac{OP}{R} \times \frac{MP}{OP} = \frac{mgMP}{R}
\end{aligned}
\tag{1}
$$

這裏用到了 $\cos\theta = \frac{MP}{OP}$。

再利用牛頓第二定律 $F = ma$，可以算出在 P 點的加速度

$$
a_P = \frac{F}{m} = \frac{gMP}{R} \tag{2}
$$

加速度算出來了。在 (2) 式右端，g 和 R 是常數，MP 可是在變。P 越接近 M，MP 越小，到 P 和 M 重合的時候，加速度就是 0 了。

這是一個變加速運動，加速度越來越小。但是，它畢竟是在加速，所以速度越來越大。當然，這裏只考慮列車在 SM 這一段上的運動過程。

我們只知道勻加速運動的方程、勻速運動的方程，沒學過變加速運動的方程，這該怎麼辦呢？

數學家有個常用的辦法，就是把未知的東西和已知的東西比，一比，就可以估計出未知物大致的情形。既然我們知道勻加速運動的方程，就不妨把這個變加速運動和勻加速運動比比看。

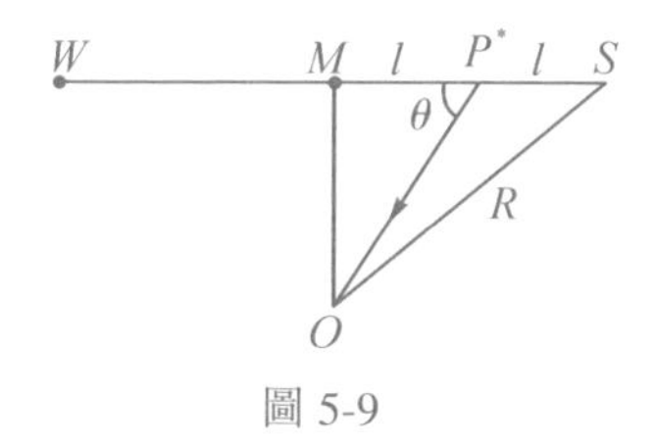

圖 5-9

我們把 SM 的中點叫做 P^* ，如圖 5-9。列車在 SP^* 這一段上運動的時候，它的加速度（按（2）式計算）是越來越小的。到了 P^* 這一點，加速度是：

$$a_{P^*} = \frac{gMP^*}{R} \tag{3}$$

這表明，在 SP^* 上運動的時候，列車的加速度不小於 a_{P^*}。

假想有另一列列車在 SP^* 上行駛，它是勻加速運動，加速度為 a_{P^*}。那麼假想列車比我們這裏的變加速列車哪個快呢？當然假想的勻加速列車要慢，因為它的加速度 a_{P^*} 不大於變加速列車的加速度。我們退一步，算一算這個跑得較慢的勻加速假想列車走完路程 SP^* 要多長時間。勻加速運動的方程是

$$\text{路程} = \frac{1}{2} \times \text{加速度} \times (\text{時間})^2 \tag{4}$$

路程是 SP^* ，加速度 $a_{P^*} = \dfrac{gMP^*}{R}$ ，把它們代入（4），

把時間 T 反解出來

$$T = \sqrt{2 \times SP^* \Big/ \frac{gMP^*}{R}} \tag{5}$$

因為 P^* 是 SM 的中點，所以 $SP^* = MP^*$ ，恰好約掉！

於是

$$T = \sqrt{\frac{2R}{g}} \tag{6}$$

地球半徑取 $R = 6\ 378.164$（千米）$= 6\ 378\ 164$（米），重力加速度 $g = 9.8$（米 / 秒 ^{2}），代入 (6) 式，用計算器或用對數表求出

$$T = 1141\ （秒） \tag{7}$$

可見，勻加速假想列車跑完 SP^* 這一段的時間不到 1 141 秒。因為越跑越快，跑 P^*M 這一段用的時間更少，故跑完 SM 段用的時間不超過 2 282 秒。跑完 SW 全程，再加 1 倍，也不超過 4 564 秒，還不到 80 分鐘呢。可算是超高速的列車了。

值得注意的是，我們的整個計算過程，沒用到上海到烏魯木齊這段距離。所以，你在開始的問題中把「上海 — 烏魯木齊」改為「北京 — 紐約」、「莫斯科 — 墨西哥」都可以。無論從地球上哪裏到哪裏，都用不了 80 分鐘。

將來你學了點微積分，就可以精確地算出，這種假想的地下快車執行時間是一個常數，不論從哪裏到哪裏，不論遠近，只要在地球上，時間都是差不多 42 分鐘！

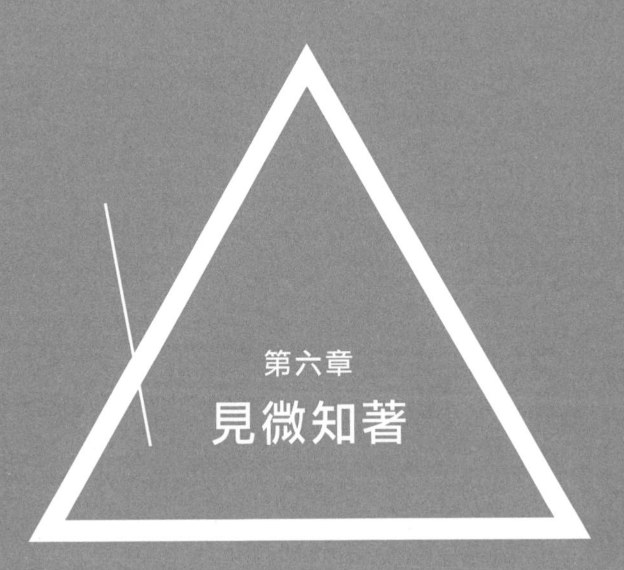

第六章

見微知著

珍珠與種子

數學家要研究數學問題。

數學問題成千上萬，無窮無盡；但數學家生命有限，以有限的生命面對無窮的問題，必須選擇，也只有選擇。那麼，選擇甚麼樣的問題來研究呢？很顯然，應當選擇好的問題、有價值的問題來做。

甚麼樣的問題才是好問題呢？

有人說，有趣的問題是好問題；有人說，有用的問題是好問題；也有人說，有趣或有用的問題都是好問題；還有人說，有趣又有用的才是好問題。

有趣或無趣，因人而異。棋迷感到無窮趣味的棋局，門外漢興味索然。令人望而生畏的一堆符號公式，有些科學家推演起來卻樂此不疲。

有用或無用，因時而異。負數的平方根稱作虛數，虛數和實數運算產生複數，而這個複數當初都以為沒用。後來發現，複數在流體力學中有大用處，和飛機輪船有密切的關係。不僅如此，沒有複數，也就沒有電學，就沒有量子力學，就沒有近代文明！

好的數學問題可能產生好的數學。甚麼是好的數學呢？對此，數學大師陳省身有獨到的見解。他說：

建立南開數學所，就是希望為全國在數學方面願意而且能夠工作的人創造一個可以愉快地潛心工作的環境，讓青年人知道有「好的數學」和「不好的數學」之分。這裏所說的「好」，簡而言之，就是意義深遠、可以不斷深入、影響許多學科的課題；「不好」則是僅限於把他人的工作推演一番、缺乏生命力的題目。我的願望是讓青年人儘早地懂得欣賞「好的數學」。（陳省身，《九十初度說數學》，上海科技教育出

版社，2001 年，第 33 頁）

在另外的場合，陳先生還說過一些具體的例子。

他說，有些看起來很美的題目，不一定是好的數學。例如，在任意三角形的三邊上各作一個正三角形，這三個正三角形的中心也必然構成一個正三角形，這叫做拿破崙定理，是法國著名的政治家和軍事家拿破崙發現的（如圖 6-1）。這個定理很美，但深入研究之後發展有限。又如幻方，各行各列及各對角線上的數加起來均相等，令人驚奇（如圖 6-2）；可惜這只是一個奇跡，沒有很多的用處。

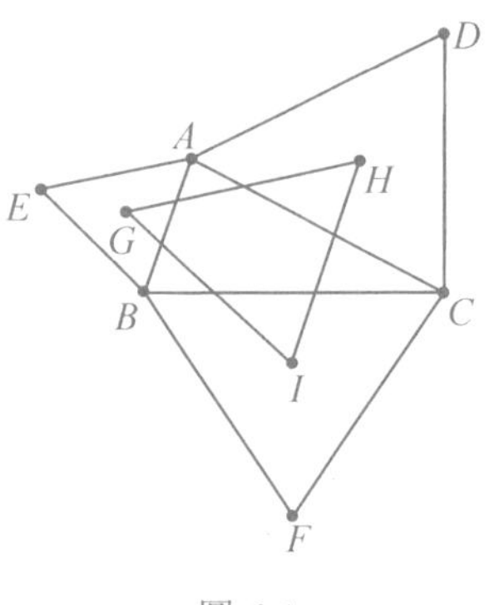

圖 6-1

6	1	8
7	5	3
2	9	4

12	13	1	8
6	3	15	10
7	2	14	11
9	16	4	5

圖 6-2

大大小小的圓，其周長和直徑的比值總是一個常數 π。這也是一個奇跡。可是這件事情太重要了，在數學裏到處遇到 π！

陳省身還說，方程也是好的數學。小學裏的代數方程，中學裏的不定方程、超越方程、函數方程，乃至大學裏的微分方程，各門科學技術都離不開方程，真是意義深遠、影響廣大，永遠研究不完！

像拿破崙定理，像幻方，這樣的問題好比珍珠，光彩奪目，賞玩起來愛不釋手。但一粒珍珠再漂亮也是一粒珍珠，它缺活力，難於生長。

像方程，像圓周率，這樣的問題好比種子。種子不一定閃閃發光，不見得賞心悦目，可它是生命，有活力。它可能長成參天大樹，可能吐出萬紫千紅。

在數學家眼裏，種子比珍珠更可愛。

話説回來，數學大師的話，雖然極有啟發性，卻也不是定理或法律。喜愛研究幻方或拿破崙定理的依然可以孜孜不倦。有人重視種子，有人收藏珍珠，世界是多樣化的。何況，兩者也不能截然分開，從幻方和拿破崙定理，也不是不能走向方程的。

拋物線的切線

種子變成大樹甚至森林的故事，數學史上並不少見。

從曲線的切線作圖問題出發，引出了微積分這門大學科，堪稱是數學史上也是人類文明史上輝煌的一章。

圓的切線，就是和圓只有一個公共點的直線。

作圓的切線是容易的，因為我們知道，圓的切線和過切點的半徑垂直。

發明直角坐標系，創建了解析幾何的笛卡兒，研究過拋物線的切線作圖問題。他認為，切線的作圖問題是他所知道的甚至是他一直想知道的最有用、最一般的幾何問題。

現在回頭看，不能不佩服笛卡兒眼光之敏鋭。

如果把拋物線的切線，看成是和拋物線只有一個公共點的直線，只要你學過二次方程，又懂得一些解析幾何，不難做出來。

數學家往往能從最簡單的情形，看出更一般的規律。

最簡單的情形，拋物線的方程是 $y = x^2$，在拋物線上取一個點 $P(u, u^2)$，過點 P 作拋物線的切線，如何寫出切線的方程？

如果知道了切線的斜率 k，切線方程應當有這樣的形式：

$$y - u^2 = k(x - u)$$

把這個帶有未知斜率 k 的方程和拋物線的方程 $y = x^2$ 聯立，可以得到 x 的方程

$$k(x - u) + u^2 = x^2$$

化簡後為

$$x^2 - kx + (ku - u^2) = 0$$

解這個二次方程，可得拋物線和切線的公共點的橫坐標。但是因為公共點只有一個，所以這個方程有重根，判別式應當為 0，也就是

$$k^2 - 4ku + 4u^2 = 0$$

解得 $k = 2u$。

取 u 的一些具體數值，例如 $u = 1$，畫出來看看，這樣得到的果然像是這條拋物線的切線（圖 6-3）。

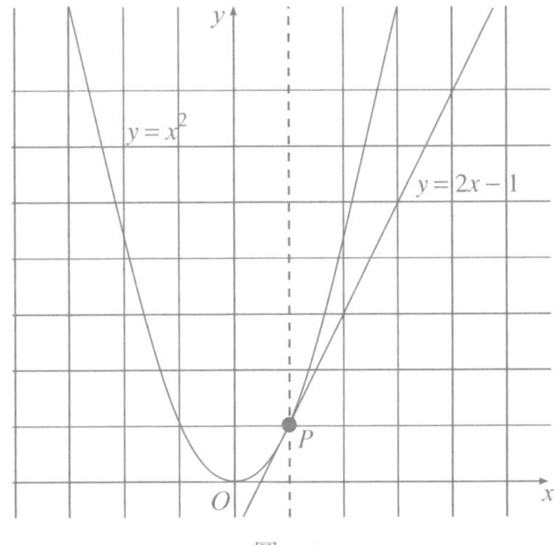

圖 6-3

但是，圖中的一條虛線表明，過點 P 而平行於 y 軸的直線，它和拋物線也只有一個公共點。這條和拋物線只有一個公共點的直線，是看出來的，不是推出來的！

這就發現，上面的推理有個漏洞！我們假定了和拋物線只有一個公共點的直線有斜率 k；可是，偏偏是這條平行於 y 軸的直線，它沒有斜率，而和拋物線只有一個公共點！

直觀上，我們很難承認這條平行於 y 軸的直線是拋物線的切線！

這就發現，上面的切線概念可能也有漏洞。把拋物線的切線看成是和拋物線只有一個公共點的直線未必妥當。

如果不說清楚甚麼是拋物線的切線，當然不好解決拋物線的切線的作圖問題。如何定義拋物線的切線？更一般地，如何定義更多的曲線的切線，是我們研究切線作圖方法時面臨的基本難題。

遇到難題，不但要敢於「知難而進」，也要善於「知難而退」。退是為了鞏固陣地，更穩妥地前進。

退回來再想想圓的切線，它除了和圓只有一個公共點之外，還有甚麼可說的？

數學家看一件東西，常常把它放在變動的過程之中觀察，注意到它的前身後世和左鄰右舍。圓的切線動一動，一不小心會變成割線，它和圓的一個公共點就一分為二，變成兩個交點！反過來，割線和圓的兩個交點，如果慢慢接近，直到合二為一，割線也就變成了切線！

用這個眼光看，就看出一個定義拋物線的切線的新的思路：過拋物線上一點 P 和另一點 Q 作割線，再讓 Q 向 P 靠攏，當 Q 和 P 重合的時候，割線就成為切線。

別以為這個思路簡單。笛卡兒當年在研究拋物線的切線作圖方法時，就沒有想到這點。又過了幾十年，數學家想到了這一點，微分法就呼之欲出了！

我們來重複一下 300 多年前的數學家的工作，沿着割線變切線的思路找出拋物線的切線來。

像前面所說，在拋物線 $y = x^2$ 上取一定點 $P = (u, u^2)$，再取一個動點 $Q = (u + h, (u + h)^2)$；則割線 PQ 的斜率為

$$\frac{(u+h)^2 - u^2}{(u+h) - u} = \frac{2uh + h^2}{h} = 2u + h$$

我們想像，當動點 Q 向定點 P 靠攏時，h 的絕對值越來越小，割線的斜率 $2u + h$ 越來越接近切線的斜率。當 P 和 Q 重合時，也就是 h 變為 0 時，就得到了切線的斜率 $2u$。這和前面用二次方程的判別式得到的結果不謀而合，殊途同歸。

這個方法不但比前面的方法簡單，而且是個更一般的方法；不但可以用來求拋物線的切線的斜率，而且也能用來計算許多其他的曲線的切線的斜率。設曲線對應的函數表達式是 $y = F(x)$。要計算曲線上一點 $P = (u, F(u))$ 處的切線的斜率，要再取一個動點 $Q = (u + h, F(u + h))$；則割線 PQ 的斜率為

$$\frac{F(u+h) - F(u)}{h}$$

在這個表達式中設法把分母上的 h 約掉，再讓 h 的絕對值變為 0，也就是讓 P 和 Q 重合，所得到的表達式的值就是點 P 處的切線的斜率。這個斜率，在數學上叫做函數 $F(x)$ 在 $x = u$ 處的導數，也叫微商。這是微積分學最重要的基本概念。

這樣一來，也解決了有很多實際應用的求函數的最大值和最小值的問題。這是因為，函數曲線在高峰點或低谷點的切線總是水平的（圖 6-4），其斜率為 0；能寫出切線斜率的表達式，也就能列出高峰點或低谷點的橫坐標滿足的方程了。

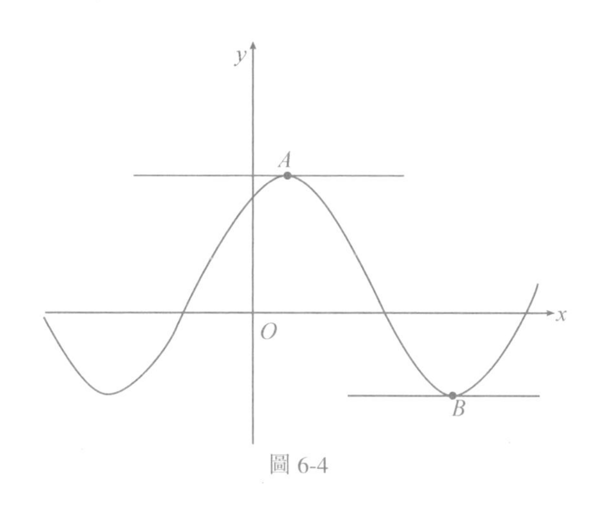

圖 6-4

德國哲學家和數學家萊布尼茲，用這種新思想深入地研究了曲線的切線和函數的最大最小值有關的問題。

無窮小是量的鬼魂？

用這樣簡捷的方法，便一舉解決了成千上萬各種各樣的曲線切線的作圖問題。

不但如此，也解決了有很多實際應用的求函數的最大值和最小值的問題。

這樣非同小可的發現，使當時的數學家興高采烈。

但是，人們很快就發現，這種新方法的基礎是不嚴謹的，在邏輯上有一個漏洞。

回過頭去看看前面計算拋物線斜率時的推導：先列出等式

$$\frac{(u+h)^2-u^2}{(u+h)-u}=\frac{2uh+h^2}{h}=2u+h$$

再讓 h 變為 0，就得到了切線的斜率 $2u$。

在這推導過程中，先要假定 h 不等於 0，否則就無法把它作為分母，更無法把它約掉而得到 $2u+h$；一旦得到了表達式 $2u+h$，馬上「過河拆橋」，出爾反爾地讓 $h=0$ 來得到斜率 $2u$。既然表達式 $2u+h$ 是在 h 不為 0 的條件下得到的，憑甚麼又讓 h 等於 0？

微積分的創始人之一牛頓，當然不會看不到這個漏洞。他彌補漏洞的方法是：不讓 h 一下子變成 0，而是讓 h 變成一種「無窮小量」。甚麼是無窮小量呢？按牛頓的説法，它是一個數在變成 0 之前的最後形態，它不是 0，但它的絕對值比任何正數都小。因為 h 不是 0，所以可以做分母，可以約掉；又因為 h 的絕對值比任何正數都小，它在表達式 $u+h$ 中可以忽略不計，$u+h$ 就可以當成 u 了。

但是，這種神秘的「無窮小量」並沒有把當年的數學家們從尷尬的處境解救出來。人們問，「無窮小量」是甚麼？它如果是數，數在變成 0 之前還是數，哪有甚麼「絕對值比任何正數都小」的最後形態？如果不是數，有何理由能夠像數一樣地運算？當時一位著名的大主教貝克萊寫了一篇長文，對這種新的方法冷嘲熱諷，説「無窮小量」的比值是「量的鬼魂」，並且質問數學家「既然相信這些量的鬼魂，有甚麼理由不相信上帝呢？」

但是，數學家的眼光，能看出淤泥中的種子的生命力，能透過濃霧看出光明的前方。他們沒有因為邏輯上的困難和人們的非議而拋棄新的方法，而是積極地挖掘新方法帶來的寶藏，在不穩固的地基上設計並着手建設輝煌的大廈。

人們稱此為第二次數學危機。

數學家從來不為數學危機擔憂。數學在現實世界中表現出來的力量總能使數學家充滿信心。他們看得見問題，看得見困難，但不會止步。路上暫時搬不動的大石頭就留給後來者，繞個彎繼續前進。

極限概念：嚴謹但是難懂

數學家們前赴後繼，一代接着一代地思考。

在大約 150 年後，終於補上了微積分基本概念上的漏洞。

為了名正言順地從表達式

$$\frac{(u+h)^2-u^2}{(u+h)-u}=\frac{2uh+h^2}{h}=2u+h$$

裏面把礙眼的 h 去掉而得到 $2u$，數學家想出來一個「極限」的說法：既然不好把 h 一下子變成 0，就讓 h 無限地接近 0 吧。當 h 無限地接近 0 時，$2u+h$ 就會無限地接近 $2u$。

於是，就把 $2u$ 叫做「$2u+h$ 在 h 趨向於 0 的過程中的極限」。

一般地，就說：在 h 趨向於 0 的過程中，表達式

$$\frac{F(u+h)-F(u)}{h}$$

的極限，就叫做函數 $F(x)$ 在 $x = u$ 處的導數。

極限概念的創立，打了一個成功的擦邊球。用無限接近於 0 代替等於 0，既合理合法，又達到了同樣的目的！

極限的思想，牛頓和萊布尼茲其實早就有了，但概念上總是說不清楚。例如，甚麼叫做「無限接近」？甚麼叫做「h 趨向於 0 的過程」？這些都是生活中的語言，即所謂自然語言。使用自然語言難以進行嚴謹的數學推理，必須把自然語言翻譯成嚴謹的數學語言。

經過 19 世紀幾位出色的數學家的創造性工作，嚴謹的極限概念的表述誕生了。下面的極限定義，是基於法國數學家柯西提出的思想，由德國數學家魏爾斯特拉斯制定的：

函數極限的定義　設函數 $F(x)$ 在 $x = u$ 附近有定義。如果存在一個數 a，使得對於任給的正數 $\varepsilon > 0$，總有 $\delta > 0$，使當 $0 < |x - u| < \delta$ 時，總有

$$|F(x) - a| < \varepsilon$$

就說：當 x 趨於 u 時 $F(x)$ 以 a 為極限。

數列極限的定義　設 a_1，a_2，⋯，a_n，⋯是無窮數列。如果存在一個數 a，使得對於任給的正數 $\varepsilon > 0$，總有 $N > 0$，使當 $n \geq N$ 時，總有

$$|a_n - a| < \varepsilon$$

就說數列 a_n 以 a 為極限。

如果讀者不理解這樣拗口的定義，大可以對它不予追究。因為這絲毫不影響對本書後面內容的閱讀。只要知道，有一位出色的數學家，用這樣拗口的定義，補上了當初導數概念的漏洞就夠了。

上面的定義，用了希臘文的小寫字母 ε，所以通常稱為極限概念的 ε 語言。

以極限概念的 ε 語言為工具，嚴謹的微積分學建立起來了。從柯西時代到今天的 150 年來，大學數學系裏講授微積分，用的都是柯西—魏爾斯特拉斯的極限概念的 ε 語言。

但是，對於初學者，ε 語言太難理解了。

美國一套著名的《微積分》教材中告訴學生，如果弄不懂這樣的定義，「就像背一首詩那樣把它背下來！這樣做，至少比把它說錯來得強。」

匈牙利數學家和數學教育家波利亞，在談到工科學生的微積分教學時說：「他們沒有受過弄懂 ε 證明的訓練……教給他們的微積分規則就像是從天上掉下來的，硬塞給他們的教條……」

這就是說，不學極限概念的 ε 語言，就弄不懂微積分；學習極限概念的 ε 語言，確實又太難了。

恩格斯說：在一切理論成就中，未必有甚麼像 17 世紀下半葉微積分的發明那樣，被看作是人類精神的最高勝利了。

難道說，對於即使有機會學習高等數學的人中的大多數，注定不能理解這個標誌着「人類精神的最高勝利」的成果？

不用極限概念能定義導數嗎？

150 多年來，人們普遍認為，不用極限概念就不能定義函數的導數，也就不能嚴謹地講述微積分。

但是，普遍承認的事並不一定就是對的。

在數學家眼裏，沒有證明的命題總是可以懷疑的。

笛卡兒主張：懷疑一切。

這裏，不是消極的懷疑，而是積極地思考分析；去粗存精，由表及裏，對不對都要有個說法，有個根據。

用極限概念，可以嚴謹地定義函數的導數。這並不能推出：不用極限概念，就不能嚴謹地定義函數的導數。

我們來試試看，能不能改變 150 年來形成的觀念。

笛卡兒主張，排疑解難，要思考最簡單的、基本的問題。

極限是甚麼？不就是「一個變化的量無限接近一個固定的量」嗎？描述這樣的過程，一定要用柯西—魏爾斯特拉斯提出的那麼拗口的 ε 語言定義嗎？例如，要描述「$F(u+h)$ 當 h 趨於 0 時無限接近於 a」，有沒有比 ε 語言定義更簡潔明快的辦法？

說 $F(u+h)$ 接近於 a，無非是說 $|F(u+h)-a|$ 很小罷了。

很小，小到甚麼程度？$|F(u+h)-a|< 0.00001$ 行不行？

不行，這裏要的是無限接近，可能小到 0.000001，0.0000001，0.00000001，……總不能在右端寫上無窮多個數吧？

用字母代替數，一個字母不是可以代替無窮多個數嗎？

但是，這個字母要代表的是能夠無限接近於 0 的正數。怎樣能保證一個字母所代替的數能夠無限接近於 0 呢？

解鈴還須繫鈴人！解決問題的思路，常常隱含在問題本身之中。問題說的是「$F(u+h)$ 當 h 趨於 0 時無限接近於 a」，這裏不是有一個現成的趨於 0 的 h 嗎？趨於 0，也就能夠無限接近於 0 了。就地取材，就用不等式 $|F(u+h)-a|<|h|$ 來描述「$F(u+h)$ 當 h 趨於 0 時無限接近於 a」，好不好？

如果不等式 $|F(u+h)-a|<|h|$ 成立，當然能夠保證在 h 趨於

0 時 $F(u+h)$ 無限接近於 a。但是，右端何必一定是 $|h|$ 呢？$3|h|$，$5|h|$，$100|h|$，不是都可以嗎？只要 h 能無限接近於 0，h 的任意的固定倍數也能無限接近於 0；因此，只要有一個正數 M，使不等式

$$|F(u+h)-a| < M|h|$$

成立，就能夠保證 $F(u+h)$ 當 h 趨於 0 時無限接近於 a。

可是，反過來卻不一定成立。$F(u+h)$ 當 h 趨於 0 時無限接近於 a，不一定非要 $|F(u+h)-a| < M|h|$ 成立不可。例如，不等式

$$|F(u+h)-a| < M\sqrt{|h|}$$

也能夠保證 $F(u+h)$ 當 h 趨於 0 時無限接近於 a!

也就是說，不等式 $|F(M+h)-a| < M|h|$ 是 $F(u+h)$ 當 h 趨於 0 時無限接近於 a 的充分條件，而不是必要條件。

到現在，簡化極限概念的任務，只完成了一半。

宋朝宰相趙普說，半部《論語》可以治天下。

簡化極限概念這個任務的另外一半，暫時等一下。我們來看看，這半步的進展，能給微積分帶來甚麼變化。

回到函數的導數概念問題。前面說過，在 h 趨向於 0 的過程中，表達式

$$\frac{F(u+h)-F(u)}{h}$$

的極限，就叫做函數 $F(x)$ 在 $x=u$ 處的導數。用 $f(u)$ 表示 $F(x)$ 在 $x=u$ 處的導數，則在 h 趨向於 0 的過程中，$\frac{F(u+h)-F(u)}{h}$ 和 $f(u)$ 無限接近。依照上面的「半步」成果，只要有正數 M 使不等式

$$\left|\frac{F(u+h)-F(u)}{h}-f(u)\right| < M|h|$$

成立，就能保證 $\dfrac{F(u+h)-F(u)}{h}$ 和 $f(u)$ 無限接近了。

上面的不等式裏有分母 h，要限制 h 不為 0。如果去分母改變形式，得到不含分式的不等式，則可用它來建立函數導數的另類定義：

強可導函數及其導數的定義　設函數 $F(x)$ 在 $[a, b]$ 上有定義。如果有一個在 $[a, b]$ 上有定義的函數 $f(x)$ 和正數 M，使得對 $[a, b]$ 上任意的 x 和 $x+h$，有下列不等式：

$$\left|(F(x+h)-F(x))-f(x)h\right| \leq Mh^2 \tag{1}$$

則稱 $F(x)$ 在 $[a, b]$ 上強可導，並且稱 $f(x)$ 是 $F(x)$ 的導數，記作

$$F'(x)=f(x)$$

顯然，(1) 可以寫成等價的等式

$$F(x+h)-F(x)=f(x)h+M(x,h)h^2 \tag{2}$$

這裏 $M(x, h)$ 是一個在區域 $\{(x, h): x\in[a, b], x+h\in[a, b]\}$ 上有界的函數。

這個定義和 150 年來教科書上的 ε 語言定義有兩點不同：一個不同是用不等式而不是用極限概念來表達導數應當滿足的條件；另一個不同，是在區間 $[a, b]$ 上而不是在一個點定義導數。因此，用強可導這個詞，以示區別。

按照這樣的定義，既不需要牛頓的神秘的無窮小量，也不需要柯西—魏爾斯特拉斯的拗口的 ε 語言極限概念，在初等數學的範圍內開闢出一塊微積分的領地。

原來認為很難理解的導數概念，用一個不等式就解決了。既簡單，又嚴謹。

不等式與方程是相通的。定義中的 (1) 換成等價的等式 (2)，不等式就成了方程。函數的導數，就是滿足一個方程的未知函數。

笛卡兒主張：一切問題化為數學問題，一切數學問題化為方程。

陳省身說，方程是好的數學。

方程幫我們解決了導數定義的難題。

前輩數學大師的眼光，敏銳而深邃。

導數新定義初試鋒芒

上一節裏提出的導數新定義裏的不等式，有一個直觀簡潔的解釋。

在不等式 (1) 的左端，是兩個部分的差的絕對值：一個部分是 $(F(u+h)-F(u))$，通常稱為 $F(x)$ 在 $x=u$ 處的差分；另一部分是 $f(u)\,h$，通常稱為 $F(x)$ 在 $x=u$ 處的微分；h 叫做步長。這樣一來，不等式 (1) 的意思，就是「差分與微分之差，與步長平方之比有界」。

定義有了，並非萬事大吉。定義是演繹推理展開系統的基本點。定義本身簡潔明快固然好，能夠使系統輕鬆俐落地展開則更為重要。下面會看到，新的導數定義，把微積分裏一系列重要的基本命題的推導，都變得簡單了，容易了。

首先要消除一個疑慮：用不等式來定義 $F(x)$ 的導數，這導數是不是唯一的呢？不等式似乎比較寬鬆，滿足一個不等式的數或式子往往不止一個。如果滿足不等式 (1) 的 $f(x)$ 不止一個，其中哪個才是函數 $F(x)$ 的真正的導數呢？

因此，首先要證明：滿足強可導定義的 $F(x)$ 的導數 $f(x)$，如果有，一定是唯一的。

強可導定義下導數的唯一性的證明　用反證法，設 $f(x)$ 和 $g(x)$ 都滿足定義中的條件，由（2）式得：

$$F(x+h)-F(x)=f(x)h+M(x,h)h^2$$
$$F(x+h)-F(x)=g(x)h+M_1(x,h)h^2$$

兩式相減得：

$$0=(f(x)-g(x))h+(M(x,h)-M_1(x,h))h^2$$

若有 u 使 $f(u)-g(u)=d\neq 0$，由於 $M(x,h)$ 和 $M_1(x,h)$ 有界，可知有正數 M 使得

$$|dh|=|(f(u)-g(u))h|\leq Mh^2$$

即 $|d|\leq M|h|$，當 $|h|<\left|\dfrac{d}{M}\right|$ 時推出矛盾。證畢。

學過高等數學的讀者會感到，這裏的證明比通常的極限唯一性的證明要簡單。當然，這點好處不在話下，下面會看到更大的好處。

有了唯一性，求函數的導數就方便多了。利用代入不等式（1）或方程（2）直接驗證的方法，馬上就知道：

常數的導數為 0：$C'=0$；

一次函數的導數為常數：$(ax+b)'=a$；

兩函數之和的導數等於兩導數之和：

$$(F(x)+G(x))'=F'(x)+G'(x)$$

函數常數倍的導數等於導數的常數倍：

$$(cF(x))'=cF'(x)$$

下面用幾個簡單的例子，説明用定義直接驗證求導數的方法：

例 1　知道了 $F(x)$ 在 $[a, b]$ 上的導數是 $f(x)$，求 $F(cx+d)$ $(a \leq cx+d \leq b)$ 的導數。

解　設 $F(cx+d)=G(x)$，則

$$
\begin{aligned}
G(x+h)-G(x) &= F(c(x+h)+d)-F(cx+d) \\
&= f(cx+d)(ch)+M(cx+d, ch)(ch)^2 \\
&= (cf(cx+d))h+M_1(x, h)h^2
\end{aligned}
$$

由 $M(x, h)$ 的有界性可以推出 $M_1(x, h)=c^2M(cx+d, ch)$ 有界，這推出 $(F(cx+d))'=cf(cx+d)$。

例 2　求 $F(x)=x^3$ 在 $[a, b]$ 上的導數。

解　$$
\begin{aligned}
F(x+h)-F(x) &= (x+h)^3-x^3 \\
&= 3x^2h+(3x+h)h^2
\end{aligned}
$$

由 $(3x+h)$ 的有界性可以推出 $(x^3)'=3x^2$。

類似地可以求出

$$(x^n)'=nx^{n-1}$$

例 3　求 $F(x)=\dfrac{1}{x}$ 在 $[a, b]$ $(0<a<b)$ 上的導數。

解　$$
\begin{aligned}
F(x+h)-F(x) &= \frac{1}{x+h}-\frac{1}{x}=-\frac{h}{x(x+h)} \\
&= -\frac{h}{x^2}+\left(\frac{h}{x^2}-\frac{h}{x(x+h)}\right) \\
&= -\frac{h}{x^2}+\frac{h^2}{x^2(x+h)}
\end{aligned}
$$

由 $\dfrac{1}{x^2(x+h)}$ 在 $[a, b]$ 上有界，推出

$$\left(\frac{1}{x}\right)'=-\frac{1}{x^2}$$

從例 2 看出，所有多項式函數都是強可導的。求導公式的獲取也很簡單：把 $F(x+h)$ 展開，關於 h 的 1 次項的系數，就是 $F(x)$ 的導數。

説起來有趣，在牛頓之前，有些數學家在研究導數時，對多項式函數求導用的就是這種方法。但是他們對於更多的其他函數，找不到求導數的方法。因而這種直截了當的方法得不到深入發展，後來才被牛頓的神秘無窮小所取代。

導數是研究函數性態的方便的工具。例如，如果 $F(x)$ 的導數 $f(x)$ 在 $[a, b]$ 上非負（正），則 $F(x)$ 在 $[a, b]$ 上單調不減（增）。這個基本的重要事實，在 ε 語言的定義下證明起來要繞一個很大的圈子：這個事實是用拉格朗日中值定理推出來的；拉格朗日中值定理的證明要用到羅爾定理；羅爾定理的證明要用到連續函數在閉區間上取到最大值的性質，而這個性質的證明要用到連續函數的定義和實數理論中的一個基本定理！

世界上每年都會有上千萬的大學生學習微積分，當然要學習「如果 $F(x)$ 的導數非負則 $F(x)$ 單調不減」這樣的命題。但是，其中 90% 以上的人弄不明白它的道理。在非數學專業的高等數學教材中，乾脆放棄了讓學生明白這條命題的努力，只要求會用就行了。

採用了強可導的定義，情況有了根本的變化。只要從定義出發，直截了當地就能給出這條極其重要的基本命題的證明：

導數不變號則函數單調的證明　設 $f(x)$ 在 $[a, b]$ 上恆非負，滿足強可導的定義

$$|(F(x+h)-F(x))-f(x)h| \leq Mh^2$$

要證明 $F(x)$ 在 $[a, b]$ 上單調不減。

證明　用反證法。設有兩點 u 和 $u+h\,(h>0)$ 使得 $F(u+h)-F(u)=d<0$；將區間 $[u, u+h]$ 等分為 n 段，其中必有一段 $\left[v, v+\frac{h}{n}\right]$ 使得

$$F\left(v+\frac{h}{n}\right)-F(v)\le\frac{d}{n}<0$$

因為 $f(v)\ge 0$，故 $F\left(v+\frac{h}{n}\right)-F(v)$ 和 $-\frac{f(v)h}{n}$ 同為非正，於是得：

$$\left|\frac{d}{n}\right|\le\left|F\left(v+\frac{h}{n}\right)-F(v)-\frac{f(v)h}{n}\right|\le M\left(\frac{h}{n}\right)^2$$

當 $n>\left|\frac{Mh^2}{d}\right|$ 時推出矛盾，證畢。

類似地，若 $f(x)$ 在 $[a, b]$ 上恆非正，則 $F(x)$ 在 $[a, b]$ 上單調不增。

想想原來繞的大圈子，如此簡單的論證令人驚奇。

本來，是用不等式之間的關係定義極限，用極限定義函數的導數，再用導數性質來推導有關函數的不等式（單調性就是一些不等式！），所以繞了圈子。現在直接從不等式推不等式，可說是返璞歸真。這樣看，就沒有奇怪之處了。

前面指出，常數的導數為 0。於是，導數為正的函數嚴格遞增，導數為負的函數嚴格遞減。

常數的導數為 0，導數為 0 的函數是不是常數呢？現在可以清楚了：若 $f(x)$ 在 $[a, b]$ 上恆為 0，由於 $f(x)$ 恆非負，故 $F(x)$ 在 $[a, b]$ 上單調不減；又由於 $f(x)$ 恆非正，故 $F(x)$ 在 $[a, b]$ 上單調不增；從而 $F(x)$ 在 $[a, b]$ 上為常數。

也就是說，在區間上導數為 0 的函數為常數。

這推出：在區間上導數相等的兩個函數之差，是一個常數。

數學家看問題，常常是舉一反三。考慮了導數相等的兩個函數，馬上就聯想到導數不相等的兩個函數。

設 $F(x)$ 和 $G(x)$ 在 $[a, b]$ 上強可導，導數分別為 $f(x)$ 和 $g(x)$。如果在 $[a, b]$ 上總有 $f(x) \geq g(x)$，則 $F(x) - G(x)$ 的導數非負，所以 $F(x) - G(x)$ 在 $[a, b]$ 上單調不減，因而

$$F(a) - G(a) \leq F(b) - G(b)$$

這推出：

$$G(b) - G(a) \leq F(b) - F(a)$$

也就是說：在同一個區間上，導數較大的函數，總的增長量也較大。

這等於說，在同一時間內，速度較快的車跑的路較多。

如果兩個函數中，$G(x)$ 是一次函數，設 $G(x) = vx$，則 $g(x) = v$；前提條件 $f(x) \geq g(x)$ 就成為 $f(x) \geq v$；結論 $G(b) - G(a) \leq F(b) - F(a)$ 就成了

$$v(b - a) \leq F(b) - F(a)$$

同理，當 $f(x) \leq u$ 時有

$$F(b) - F(a) \leq u(b - a)$$

總結起來，就得到一個根據導數估計函數值的定理，不妨叫做估值定理。

估值定理　若在 $[a, b]$ 上有 $F'(x) = f(x)$，則當 $v \leq f(x) \leq u$ 時有

$$v(b - a) \leq F(b) - F(a) \leq u(b - a)$$

估值定理所起的作用，相當於原來微積分教程中的中值定理。

回頭看看，在這幾頁篇幅內，得到了多少東西啊！在傳統的高等數學課程裏，這些內容夠講 1 個月了，而且很難說得如此清楚呢。

選擇定義，是多麼重要！

輕鬆獲取泰勞公式

在歷史上，三角函數和對數函數的值的計算，耗費了許多數學家和科技人員大量的勞動。

現在有了計算器，輕輕一按，就能得到所要的各種常見函數的函數值。

計算器是按程序工作的，程序是人按一定的公式或演算法編寫的。只要有了把函數值的計算化為四則運算的公式或演算法，編寫程序就有了依據。

微積分裏的泰勞公式，就是把函數的值的計算歸結為四則運算的最常用的公式。

每本數學手冊上都會有泰勞公式，學過高等數學的學生都知道泰勞公式。但是，這個公式是如何推出來的，非數學專業的學生很少能說得清楚。

這又一次說明，基於柯西的極限概念建立的微積分，在數學上雖然是輝煌的貢獻，但在教育上卻並不成功。

泰勞公式，寫出來就是：

$$F(u+h) = F(u) + F'(u)h + \frac{F''(u)h^2}{2} + \cdots + \frac{F^{(n-1)}(u)h^{n-1}}{(n-1)!} + R_n(u,h)$$

其中 $F''(u)$ 表示 $F(x)$ 的 2 階導數在 $x = u$ 處的值。所謂 $F(x)$ 的 2 階導數，就是 $F(x)$ 的導數的導數；$F(x)$ 的 2 階導數的導數叫 3 階導數；這樣遞推可以定義 $F(x)$ 的 n 階導數。$F^{(k)}(u)$ 表示 $F(x)$ 的 k 階導數在 $x = u$

處的值，約定 $F^{(0)}(u)$ 就是 $F(u)$。

泰勞公式表明，$F(u+h)$ 可以近似地展開成 h 的 $n-1$ 次多項式，其中 h 的 k 次項的系數是 $\dfrac{F^{(k)}(u)}{k!}$，最後一項 $R_n(u, h)$ 是誤差，叫做泰勞公式的餘項。

如果 $F(x)$ 是 $n-1$ 次多項式，把 $F(u+h)$ 展開成 h 的多項式，得到的正是餘項為 0 的泰勞公式。舉一反三，數學家發現了對一般函數成立的泰勞公式。

關鍵是要估計餘項有多大。如果對餘項沒有個估計，或者餘項很大，泰勞公式就毫無用處。

所謂推導泰勞公式，就是對它的餘項進行有效的估計。

把 u 看成常數，h 看成變數，設

$$G(h) = F(u+h) - \left(F(u) + F'(u)h + \frac{F''(u)h^2}{2} + \cdots + \frac{F^{(n-1)}(u)h^{n-1}}{(n-1)!} \right)$$

則 $G(h) = R_n(u, h)$。要估計的就是 $G(h)$。

具體一算便知，$G(0) = 0$，而且當 $x = 0$ 時 $G(x)$ 從 1 階到 $n-1$ 階的導數均為 0；至於 $G(x)$ 的 n 階導數，就是 $F^{(n)}(u+x)$。

下面說明，如果 u 和 $u+h$ 都在 $[a, b]$ 上，並且 $|F^{(n)}(x)| \le M$ 在 $[a, b]$ 上成立，則有估計式：

$$|R_n(u,h)| \le \frac{M|h|^n}{n!}$$

這是很不錯的估計。按這個估計，只要 n 夠大，用泰勞公式計算出來的函數值就能夠精確。

我們以 $n=4$ 為例，說明推導的思路。

推導的基本依據，是上一節得到的函數的增長量和導數的大小之間的關係：在同一個區間上，導數較大的函數，總的增長量也較大。

當 $u+x$ 在 $[a, b]$ 上時，x 在 $[a-u, b-u]$ 上。記 $A=a-u$，$B=b-u$；則 x 在 $[A, B]$ 上。

因為 u 在 $[a, b]$ 上，所以 $A=a-u\leq 0$，$B=b-u\geq 0$。

為確定，不妨只考慮 $h>0$ 的情形。

估計的出發點是 $|F^{(4)}(u+x)|\leq M$，也就是 $|G^{(4)}(x)|\leq M$，即

$$-M\leq G^{(4)}(x)\leq M$$

由於 $(Mx)'=M$，$(G^{(3)}(x))'=G^{(4)}(x)$，$(-Mx)'=-M$，所以，由上面的不等式推出

$$-M(h-0)\leq G^{(3)}(h)-G^{(3)}(0)\leq M(h-0)$$

但是 $G^{(3)}(0)=0$，故有

$$-Mh\leq G^{(3)}(h)\leq Mh$$

由於又有 $\left(\dfrac{Mx^2}{2}\right)'=Mx$，$(G''(x))'=G^{(3)}(x)$，$\left(-\dfrac{Mx^2}{2}\right)'=-Mx$，所以，由上面的不等式和 $G''(0)=0$ 推出

$$-\frac{Mh^2}{2}\leq G''(h)\leq \frac{Mh^2}{2}$$

又有 $\left(\dfrac{Mx^3}{6}\right)'=\dfrac{Mx^2}{2}$，$(G'(x))'=G''(x)$，$\left(-\dfrac{Mx^3}{6}\right)'=-\dfrac{Mx^2}{2}$，所以，由上面的不等式和 $G'(0)=0$ 推出

$$-\frac{Mh^3}{6}\leq G'(h)\leq \frac{Mh^3}{6}$$

又有 $\left(\frac{Mx^4}{24}\right)' = \frac{Mx^3}{6}$，$(G(x))' = G'(x)$，$\left(-\frac{Mx^4}{24}\right)' = -\frac{Mx^3}{6}$，所以，由上面的不等式和 $G(0) = 0$ 推出

$$-\frac{Mh^4}{24} \le G(h) \le \frac{Mh^4}{24}$$

這就是我們想要的 $|G(h)| \le \frac{Mh^4}{4!}$。

上面考慮的是 $n = 4$ 的具體情形，不厭其煩地把同一個推理方式重複了 4 次。

熟能生巧，看出規律了：對一般的 n，用有限數學歸納，一次推理就能成功。

成功後的反思

在簡化極限概念的路上，才前進了半步，就有了想像不到的效果。

微分學的幾乎所有重要的基本結果，都得到了。簡明，而且嚴謹。

我們發現，建立微分學，可以不用極限概念。

但是也有代價。這裏的可導和傳統的可導有些不同，這裏的可導是強可導。

容易證明，所有的初等函數，科學技術活動中用到的幾乎所有的函數，都是強可導的。原來所有的求導公式，在強可導的意義下仍然成立。

但也有些函數的個別點處，在傳統的意義下可導，但不是強可導的。

例如，函數 $F(x) = x^{\frac{4}{3}}$ 在 $x = 0$ 處可導，但在包含 $x = 0$ 這點的任意區間上卻不是強可導的。當然，在不包含此點的閉區間上是強可導的（圖 6-5）。

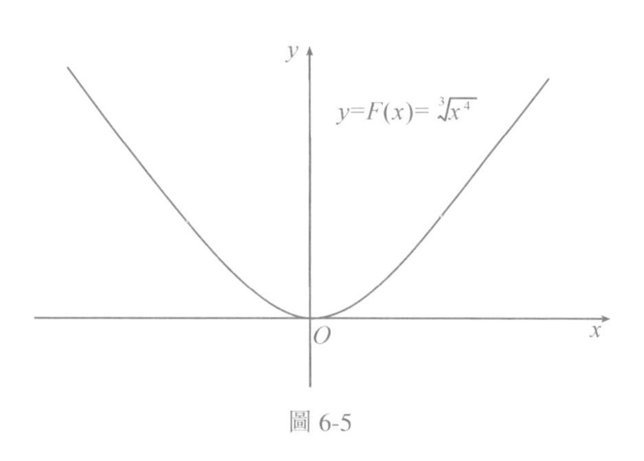

圖 6-5

為甚麼會有這樣的差別？

前面說過，用不等式 $|F(u+h)-a| < M|h|$ 來描述「$F(u+h)$ 當 h 趨於 0 時無限接近於 a」，是一個充分條件，不是必要條件。

如何才能把充分條件變成充分必要條件呢？

只有把 h 換成一個更一般的，以 h 為變數的函數。這個函數在 h 趨於 0 的過程中應當越來越小，無限接近於 0。

關鍵是尋找嚴謹而簡明的數學語言，來刻畫這樣的函數。

越來越小可以用單調性來表示，無限接近於 0 可以用「倒數無界」來表示。

這樣一來，就有了一種刻畫「$F(u+h)$ 當 h 趨於 0 時無限接近於 a」的方法，也可以看成是函數極限的新定義：

函數極限的不等式定義　設函數 $F(x)$ 在 $x = u$ 附近有定義；如果存在一個在 $[0, H]$ 上遞增非負的函數 $d(x)$，且 $\frac{1}{d(x)}$ 在 $(0, H]$ 上無界，使得 $H > |h| > 0$ 時有

$$|F(u+h) - a| < d(|h|)$$

就說：當 x 趨於 u 時 $F(x)$ 以 a 為極限。

容易證明，這個定義和 ε 語言的函數極限定義等價。類似地，用不等式也可以定義數列的極限。這些定義，相關的應用和推理以及和 ε 語言的極限定義的等價性。

用了函數 $d(x)$，就可以把強可導的定義，擴充為更廣泛的一致可導的概念：

一致可導函數及其導數的定義　設函數 $F(x)$ 在 $[a, b]$ 上有定義。如果有一個在 $[a, b]$ 上有定義的函數 $f(x)$，和一個在 $[0, b - a]$ 上遞增非負的函數 $d(x)$，且 $\frac{1}{d(x)}$ 在 $(0, b - a]$ 上無界，使得對 $[a, b]$ 上任意的 x 和 $x+h$，有下列不等式：

$$|(F(x+h) - F(x)) - f(x)h| \le |hd(|h|)| \tag{1}$$

則稱 $F(x)$ 在 $[a, b]$ 上一致可導，並且稱 $f(x)$ 是 $F(x)$ 的導數，記作 $F'(x) = f(x)$。

顯然，（1）可以寫成等價的等式

$$F(x+h) - F(x) = f(x)h + M(x, h)hd(|h|) \tag{2}$$

這裏 $M(x, h)$ 是一個在區域 $\{(x, h): x \in [a, b], x+h \in [a, b]\}$ 上有界的函數。

在上面這個定義中，取 $d(x) = Mx$，就得到強可導的定義。可見，強可導是一致可導的特款。強可導函數也是一致可導的，但反過來不

一定對。圖 6-5 中的那個函數在包含 $x = 0$ 的區間上不是強可導的，但卻是一致可導的（取 $d(x) = Mx^{\frac{1}{4}}$）。

其實，等式 (2) 本質上就是用微分表示線性主部的傳統方法：

$$F(x+h) - F(x) = F'(x)h + O(h)$$

其中 $O(h)$ 是 h 的高級無窮小。強可導和一致可導，都是把 $O(h)$ 強化和具體化為 Mh^2 和 $Mhd(h)$，$d(h)$ 可以是 h^{α}，$\alpha > 0$ 就行；一般地 $d(h)$ 是無窮小就行。但無窮小是尚未定義的東西，單調性和無界性則是熟悉的，或比較容易理解的概念。

字母 d 對應於希臘字母 δ，打字比 δ 方便；有判別之意。

前面關於強可導函數的一系列命題的證明，作很少的改變，就都適用於一致可導函數。

一致可導的概念和通常用極限定義的可導的概念，差別實際上只有一點：一致可導是在區間上定義的，相當於極限過程的不等式是一致成立的，通常的可導則是在一個點定義的，不同點處的極限過程可能是不一致的。一致可導的函數以及它的導數，都具有連續性。直觀地說，其圖像一定是一條連續的曲線。通常連續性是這樣用數量關係來刻畫的：如果當 h 趨於 0 時 $f(u + h)$ 趨於 $f(u)$，就說函數 $f(x)$ 在 $x = u$ 處連續。用不等式表示，就是 $|f(x + h) - f(x)| \le d(|h|)$ 當 $x = u$ 時成立，而且當 u 不同時函數 $d(x)$ 可能不同。

若 $F(x)$ 一致可導，由定義，按 (2) 有

$$F(x+h) - F(x) = f(x)h + M(x, h)hd_1(|h|)$$

交換 x 和 $x+h$ 又得到

$$F(x) - F(x+h) = f(x+h)(-h) + M(x+h, -h)(-h)d_1(|h|)$$

兩式相加，約去 h 並整理可得

$$|f(x+h)-f(x)| \le d(|h|) \tag{3}$$

當 $F(x)$ 強可導時，則有

$$|f(x+h)-f(x)| \le M|h| \tag{4}$$

我們稱在 $[a, b]$ 上滿足（3）的函數 $f(x)$ 在 $[a, b]$ 上一致連續；稱滿足（4）的函數 $f(x)$ 在 $[a, b]$ 上強連續（通常説是滿足李普西兹條件）。於是得到：

導數的連續性　若 $F(x)$ 在 $[a, b]$ 上一致（強）可導，則其導數 $f(x)$ 在 $[a, b]$ 上一致（強）連續。

附帶提一下，從定義可以看出：若 $F(x)$ 在 $[a, b]$ 上一致可導，則 $F(x)$ 在 $[a, b]$ 上強連續。

拋物線弓形的面積

求曲線包圍的面積，是比作曲線的切線更古老的問題，其實際意義也更為明顯。

提起曲線，除了圓，人們總是首先想到拋物線。二千多年前，古希臘的數學家和物理學家阿基米德用巧妙的方法，成功地解決了拋物線弓形的面積計算問題。

阿基米德的方法，是專門來對付拋物線的。下面我們講的方法，卻是個一般的方法。

圖 6-6 畫出了區間 [0, 3] 上拋物線 $y=f(x)=1+\dfrac{x^2}{4}$ 的一段。要計算這個拋物線弓形的面積，關鍵是要求出曲線下面這個「曲邊梯

形」的面積，即圖中陰影部分的面積。

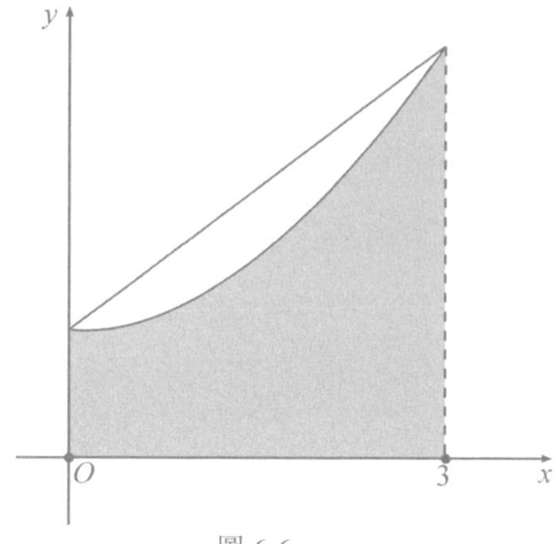

圖 6-6

數學家解決問題，有時候會把一個特殊問題化成一般問題；一般問題解決了，特殊問題自然也解決了。

這是因為，有時在一般化的過程中，問題的本質可能更充分地暴露出來。

如圖 6-7，在 [0, 3] 上取一個點 x，只考慮 x 左邊的這部分面積（即圖 6-7 中陰影部分的面積），這塊面積也是 x 的函數，就叫做 $F(x)$。如果知道了 $F(x)$ 的表達式，$F(3)$ 不就是要求的面積嗎？

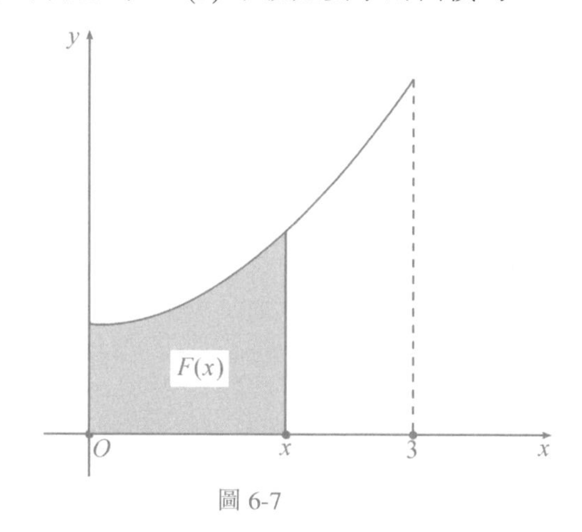

圖 6-7

為了研究 $F(x)$ 的性質，我們進一步觀察差分 $F(x+h)-F(x)$，它就是圖 6-8 中在區間 $[x, x+h]$ 上的這塊陰影部分。

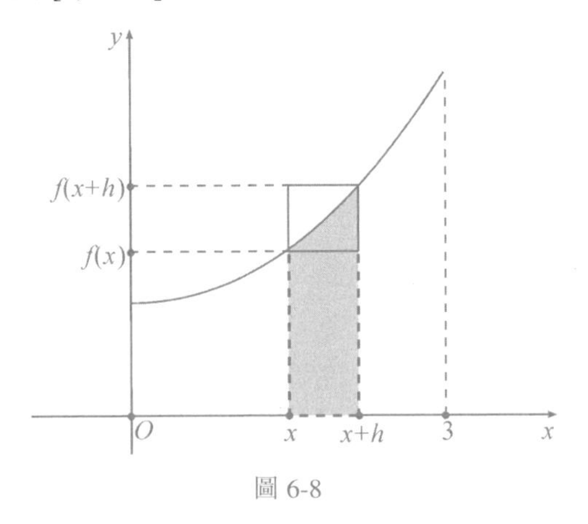

圖 6-8

此陰影部分和這段曲線下由粗虛線圍成的矩形面積 $f(x)h$ 之差，不超過上方細實線圍成的矩形面積：

$$\left|h(f(x+h)-f(x))\right| = \left|\frac{(x+h)^2-x^2}{4}\cdot h\right|$$

$$= \left|\frac{2xh+h^2}{4}\cdot h\right| < 3h^2$$

於是得到 [0, 3] 上的不等式

$$\left|(F(x+h)-F(x))-f(x)h\right| < 3h^2$$

由定義可知 F 強可導並且

$$F'(x) = f(x) = 1+\frac{x^2}{4}$$

由冪函數的求導公式可知

$$\left(x+\frac{x^3}{12}\right)' = 1+\frac{x^2}{4}$$

所以 $F(x)$ 和 $\left(x+\frac{x^3}{12}\right)$ 僅差一個常數，即

$$F(x)=\left(x+\frac{x^3}{12}\right)+C$$

根據 F 的定義可知 $F(0)=0$，由此定出 $C=0$，即

$$F(x)=x+\frac{x^3}{12}$$

於是所求的曲邊梯形的面積為 $F(3)=\frac{21}{4}$，而上方的拋物線弓形面積為 $\frac{51}{8}-\frac{21}{4}=\frac{9}{8}$。

這裏的方法比阿基米德的方法簡單，而且有普遍性。

這個方法的一般化，就是牛頓—萊布尼茲公式，它是微積分學誕生的標誌，也叫做微積分基本定理。

微積分基本定理

現在，我們來考慮一般的曲線下的曲邊梯形的面積。如圖 6-9 中，函數 $f(x)$ 的曲線在 $[a, b]$ 上形成的曲邊梯形的面積，叫做 $f(x)$ 在 $[a, b]$ 上的定積分，記作：

$$\int_a^b f(x)\,\mathrm{d}x$$

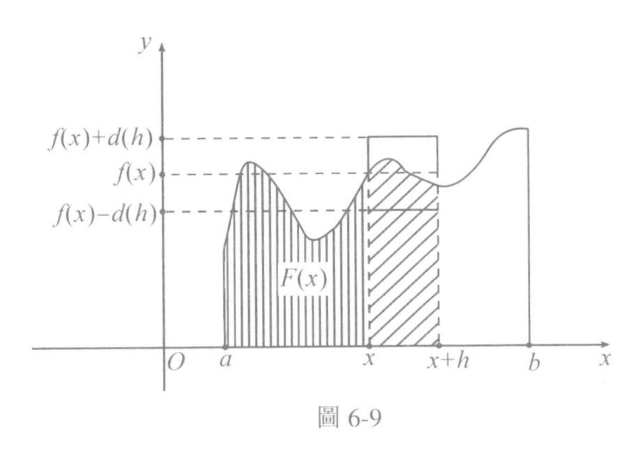

圖 6-9

這個表達式裏的變數小 x 可以換成其他的字母，例如寫成

$$\int_a^b f(t)\,\mathrm{d}t$$

其意義相同，都代表這塊面積。

你一定會想到，如果 $f(x)$ 的函數值在 $[a, b]$ 上不是非負的，曲線有些部分到 x 軸下面了，這塊面積又是甚麼？我們可以設想，給 $f(x)$ 加上一個數 A，使得

$$g(x) = f(x) + A > 0$$

也就是說，把 $f(x)$ 的曲線向上平移到 x 軸的上方，得到 $g(x)$ 的曲線，再從 $g(x)$ 的曲線形成的曲邊梯形的面積裏，去掉因平移而增加的面積，就作為 $f(x)$ 在 $[a, b]$ 上的定積分：

$$\int_a^b f(x)\,\mathrm{d}x = \int_a^b \big(f(x) + A\big)\,\mathrm{d}x - A(b-a)$$

因此，假設 $f(x)$ 非負，並不失去一般性。

下面的做法，恰如上節對拋物線下的曲邊梯形所作的一樣。

如圖 6-9，在 $[a, b]$ 上取一個點 x，只考慮 x 左邊的這部分面積，即圖中豎直線條陰影部分的面積，這塊面積也是 x 的函數，就叫做 $F(x)$：

$$F(x) = \int_a^x f(t)\,\mathrm{d}t$$

為了研究 $F(x)$ 的性質，我們進一步觀察差分 $F(x+h) - F(x)$，它就是圖中在區間 $[x, x+h]$ 上方的這塊斜線條陰影部分，即

$$F(x+h) - F(x) = \int_x^{x+h} f(t)\,\mathrm{d}t$$

要估計這塊面積，必須對 $f(x)$ 的性質有所了解。這裏我們設 $f(x)$ 在 $[a, b]$ 上一致連續，於是有一個 $d(x)$，使得當 t 在區間 $[x, x+h]$ 上時有

$$|f(x+t) - f(x)| \leq d(|t|) \leq d(|h|)$$

從圖上看，這表明區間 $[x, x+h]$ 上的這段曲線，在高度分別為 $f(x) + d(|h|)$ 和 $f(x) - d(|h|)$ 的兩條水平線之間。因此，區間 $[x, x+h]$ 上方的這塊斜線條陰影部分的面積（即 $F(x+h) - F(x)$）和寬為 h，長為 $f(x)$ 的矩形面積（即 $f(x)h$）的差，不會超過 $d(|h|)h$，即：

$$|F(x+h) - F(x) - f(x)h| \leq d(|h|)h$$

這證明 $F(x)$ 一致可導，且 $F'(x) = f(x)$。

設 $G(x)$ 是任何一個滿足 $G'(x) = f(x)$ 的一致可導的函數；由於 $G'(x) = F'(x)$，所以 $G(x) = F(x) + C$，從而

$$G(b) - G(a) = F(b) - F(a) = \int_a^b f(t)\,\mathrm{d}t$$

這就是著名的牛頓—萊布尼茲公式，即微積分基本定理。

根據這個公式，只要找到一個一致可導的函數 $G(x)$ 滿足 $G'(x) = f(x)$，就能輕而易舉地計算 $f(x)$ 曲線下的曲邊梯形的面積。

就這樣，成千上萬的面積計算問題，被一舉解決！

正如萊布尼茲所說，掌握了新方法的人這樣魔術般做到的事情，卻曾使其他淵博的學者百思不解！

不用極限定義定積分

數學家的眼光是嚴謹的，容不得半點含糊。

用嚴謹的眼光審視上面微積分定理的證明過程，就會看到一個漏洞：我們用曲邊梯形的面積來引進定積分，卻沒有交代甚麼是曲邊梯形的面積！也就是說，在上面給出的微積分基本定理的證明和結論中，作為主角的定積分，是一個沒有定義的概念。

這裏說沒有定義，是說在我們的初等微積分裏沒有定義。在傳統的微積分教程中，定積分是有定義的。絕大多數教材用的是德國大數學家黎曼給出的定義，即所謂黎曼積分。黎曼積分的定義說來話長，要用到極限概念，這裏就不細說了。

不用極限定義導數成功，初等化的微積分有了半壁河山。能不能更進一步，一統天下？

具體說，能不能不用極限概念定義定積分？

定積分的幾何原型是曲邊梯形的面積。數學家常常從幾何原型提取性質，把性質抽象為一般的定義。關鍵在於眼光是否敏銳，能不能看出本質的東西。

曲邊梯形的面積有哪些基本性質呢？

圖 6-10 是函數 $f(x)$ 的圖像，下面的性質是平凡的。

(i) 對任意滿足 $a < c < b$ 的 c，$f(x)$ 在 $[a, b]$ 上的曲邊梯形的面積等於 $f(x)$ 在 $[a, c]$ 和 $[c, b]$ 上的曲邊梯形的面積之和。

性質 (i) 太一般了，幾乎和 $f(x)$ 本身的特性無關。

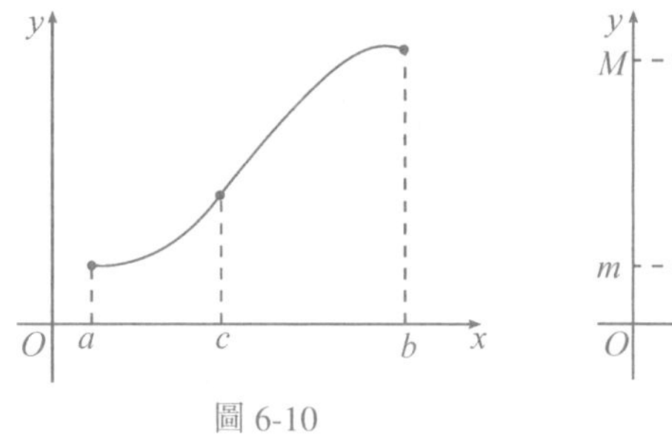

圖 6-10

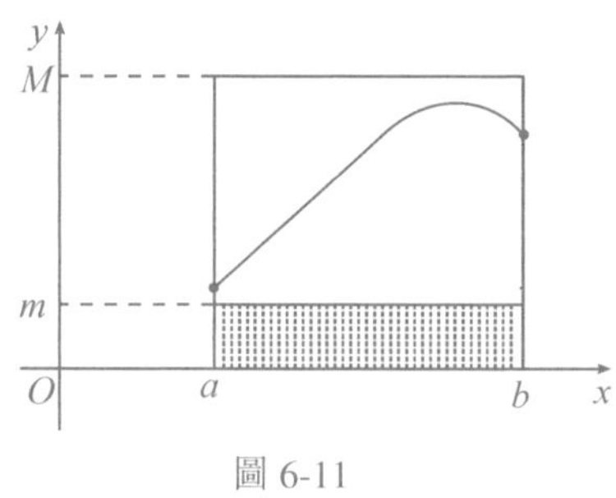

圖 6-11

再看圖 6-11，曲線夾在上下兩條水平直線之間，曲邊梯形的面積也就在兩個矩形面積之間。這就是

(ii) 若 $m \le f(x) \le M$，則此曲邊梯形的面積在 $m(b-a)$ 和 $M(b-a)$ 之間。

從上面對曲邊梯形代數面積的直觀考察，提煉出下面定積分的定義。

定積分的另類定義　設 $f(x)$ 在區間 I 上有定義；如果有一個二元函數 $S(u, v)$ $(u \in I, v \in I)$，滿足

(i) 可加性：對 I 上任意的 u，v，w 有

$$S(u, w) + S(w, v) = S(u, v)\text{；}$$

(ii) 非負性：對 I 上任意的 $u < v$，在 $[u, v]$ 上 $m \le f(x) \le M$ 時必有

$$m(v-u) \le S(u, v) \le M(v-u)\text{；}$$

則稱 $S(u, v)$ 是 $f(x)$ 在 I 上的一個積分系統。

如果 $f(x)$ 在 I 上有唯一的積分系統 $S(u, v)$，則稱 $f(x)$ 在 $[u, v]$ (I 的子區間) 上可積，並稱數值 $S(u, v)$ 是 $f(x)$ 在 $[u, v]$ 上的定積分，記作 $S(u,v) = \int_u^v f(x)\mathrm{d}x$。表達式中的 $f(x)$ 叫做被積函數，x 叫做積分變數，u 和 v 分別叫做積分的下限和上限；用不同於 u，v 的其他字母（如 t）來代替 x 時，$S(u, v)$ 數值不變。

抽象的定義要用具體例子來說明：

例 1　常數函數 $f(x) = c$ 在任意區間 I 上有唯一的積分系統 $S(u, v) = c(v - u)$。

證明　先驗證關於積分系統的兩個條件：

(i) $S(u, w) + S(w, v) = c(w - u) + c(v - w) = c(v - u) = S(u, v)$；

(ii) 若 $u < v$，則 $f(x) = c \leq M$ 時有 $S(u, v) = c(v - u) \leq M(v - u)$；

$f(x) = c \geq m$ 時有 $S(u, v) = c(v - u) \geq m(v - u)$。

可見二元函數 $c(v - u)$ 是 $f(x) = c$ 在區間 I 上的積分系統。

反過來，若 $S(u, v)$ 是 $f(x) = c$ 在區間 I 上的一個積分系統；由定義從 $c \leq f(x) \leq c$ 推出，當 $u < v$ 時總有 $c(v - u) \leq S(u, v) \leq c(v - u)$，即 $S(u, v) = c(v - u)$；當 $u \geq v$ 時容易知道也有 $S(u, v) = c(v - u)$。

想一想，例 1 的幾何意義是甚麼？

例 2　設某物體做直線運動，物體的運動方向為位移的正向，時刻 t 的速度 $v = v(t)$，而位置為 $s = s(t)$，$t \in [a, b]$。令 $S(u, v) = s(v) - s(u)$，則當 $u < v$ 時，$S(u, v)$ 是物體在時間區間 $[u, v]$ 上所做的位移。若在 $[u, v]$ 上有 $m \leq v(t) \leq M$，顯然有 $m(v - u) \leq S(u, v) \leq M(v - u)$。容易檢驗，$S(u, v)$ 是 $v = v(t)$ 在區間 $[a, b]$ 上的積分系統。

例 3　設 $A < B$ 是 x 軸上的兩點，某物體 M 從 A 到 B 作直線運動，作用於 M 上的力 F 的大小和方向和物體的位置 x 有關，即 $F = F(x)$ $(x \in [A, B])$；這裏 $F(x)$ 的正負分別表示 F 的方向與 x 軸正向一致或相反。記力 F 在 M 經過 $[A, x]$ 段過程中所做的功為 $W(x)$，並令 $S(u, v) = W(v) - W(u)$，則當 $u < v$ 時，$S(u, v)$ 是 F 在 M 經過 $[u, v]$ 段過程中所做的功。容易驗證 $S(u, v)$ 是 $F(x)$ 在區間 $[A, B]$ 上的積分系統。

從幾何出發抽象出來的定義，體現在物理的實例中了。「舉一反三」，是數學的家常便飯。

微積分基本定理的天然證明

有了定積分的上述定義，前面給出的微積分基本定理的證明就有了嚴謹化的依據。

不過沒有必要吃回頭草了。有了這個定義，立刻就有一個微積分基本定理的天然證明：

函數的差分是導數的積分系統　設函數 $F(x)$ 在區間 I 的任意閉子區間上一致可導，$F'(x) = f(x)$；則二元函數 $S(u, v) = F(v) - F(u)$ 是 $f(x)$ 在區間 I 上的積分系統。

證明　只要驗證積分系統定義中的兩個條件：

(i) $S(u, w) + S(w, v) = (F(w) - F(u)) + (F(v) - F(w)) = F(v) - F(u) = S(u, v)$；

(ii) 設 $u < v$，若在 $[u, v]$ 上有 $m \le f(x) \le M$，根據估值定理有 $m(v - u) \le F(v) - F(u) \le M(v - u)$，即 $m(v - u) \le S(u, v) \le M(v - u)$。

可見二元函數 $S(u, v) = F(v) - F(u)$ 是 $f(x)$ 在 I 上的積分系統。證畢。

有了這個輕鬆得證的定理，是不是就能推出牛頓—萊布尼茲公式呢？

且慢，按定義，還要求這個積分系統是唯一的，才能使用定積分的名稱和記號。

唯一性的證明不難，它和黎曼積分的思想是相通的，只是繞過了極限概念。

連續函數積分體系的唯一性　設 $f(x)$ 在區間 I 的任意閉子區間上一致連續，$S(u, v)$ 和 $R(u, v)$ 都是 $f(x)$ 在 I 上的積分體系，則恆有 $S(u, v) = R(u, v)$。

證明　用反證法。

若命題不真，則有 I 上的 $u < v$ 使

$$|S(u, v) - R(u, v)| = E > 0$$

將 $[u, v]$ 等分為 n 段，分點為

$$u = x_0 < x_1 < \cdots < x_n = v$$

記 $H = v - u$，$h = \dfrac{H}{n}$；由 $f(x)$ 在 $[u, v]$ 上一致連續，有函數 $d(x)$ 使當 $x \in [x_{k-1}, x_k]$ 時有

$$f(x_k) - d(h) \le f(x) \le f(x_k) + d(h)$$

$$(k = 1, \cdots, n)$$

由積分系統的非負性可得：

$$(f(x_k) - d(h))h \le S(x_{k-1,}\ x_k) \le (f(x_k) + d(h))h$$

$$(k = 1, \cdots, n)$$

對 k 從 1 到 n 求和，並記 $F = f(x_1) + \cdots + f(x_n)$，得到：

$$H = v - u$$

$$h = \frac{H}{n}$$

$$Fh - d(h)H \le S(u,v) \le Fh + d(h)H$$

同理有　$Fh - d(h)H \le R(u, v) \le Fh + d(h)H$，

可見 $0 < |S(u,v) - R(u,v)| = E \le 2d(h)H$，於是有 $\dfrac{1}{d(h)} \le \dfrac{2H}{E}$，由於 h 可以任意小，這和 d 函數的倒數無界性矛盾，證畢。

有了唯一性定理，又因為一致可導函數的導數的一致連續性，就可以名正言順地寫出牛頓—萊布尼茲公式了。

微積分方法從產生到嚴謹化，經歷了近 250 年。這真是數學史上最生動、最有趣、最為激動人心的篇章！（關於這段數學史可參看韓雪濤著《數學悖論與三次數學危機》。）讀一讀這段數學史，我們可以看到，在數學家的眼中，一個重要的數學概念是如何產生，如何發展，如何從模糊變為清晰，如何從直觀的描述變為嚴謹的定義的。我們看到，數學家也會困惑，也會出錯；但他們堅持不懈，前赴後繼，一代一代地上下求索，最後總能從迷霧中發現正確的道路。

不用無窮也不用極限概念，居然可以定義導數和定積分，並且還嚴謹而簡潔地推出了微積分的一系列基本結果，這是多年來大家都沒有想到的；用類似的一個不等式就能說明極限概念，這也是多年以來大家都沒有想到的。如果當初牛頓或萊布尼茲想到這個方法，第二次數學危機就不存在了！如果柯西或魏爾斯特拉斯想到這個方法，150 多年來世界上大多數的大學生就能夠真正學懂微積分了！250 年來眾多卓越的數學家曾經孜孜以求而不得的東西，原來就在身邊。他們的眼光也許看得太遠，以為答案隱藏得很深，因而才忽略了手邊早就有的不等式和方程吧！正是：

「眾裏尋他千百度，驀然回首，那人卻在，燈火闌珊處。」

因為我們站在前輩的肩膀上，所以看得更清楚。數學家的眼光，一代比一代更敏銳，這說明數學確實在前進。還是阿蒂亞說得好，「過去曾經使成年人困惑的問題，或許以後連孩子們都能容易地理解。」

前面所說的不用極限講導數的方法，基本觀念有兩個：一個是在區間上而不是在一個點處定義導數，一個是用不等式代替（或表達）極限概念。這兩個觀念，並非一朝一夕所形成。早在 1946 年，國外已經有人提出並使用了在區間上定義導數的方法；但是，真正指出區間上定義導數的好處，用不等式代替（或表達）極限概念，並在新的觀念下系統展開，以至於實現微積分的初等化，則是中國數學家近 20 年來的工作。林群院士在實現微積分的初等化的工作中作了重要的貢獻，他指出在區間上定義導數可以大大簡化微積分基本定理的證明，提出了強可導定義下的不等式，並且在中學裏進行了教學實踐。

至於不用極限定義定積分，則是在本書中首次出現。這樣定義是否合理，推理是否站得住，歡迎讀者指正。

微積分早已是一門成熟的學科。微積分的初等化，其意義在於數學教育的改革。而把微積分初等化的成果變成教材，在教學實踐中普及推廣，讓成千上萬的學子受益，還需要長期的艱巨勞動。